GUIA PARA AULAS PRÁTICAS DE BIOTECNOLOGIA DE ENZIMAS E FERMENTAÇÃO

Blucher

José Alves Rocha Filho
Michele Vitolo

GUIA PARA AULAS PRÁTICAS DE BIOTECNOLOGIA DE ENZIMAS E FERMENTAÇÃO

Guia para aulas práticas de biotecnologia de enzimas e fermentação
© 2017 José Alves Rocha Filho e Michele Vitolo
Editora Edgard Blücher Ltda.

Blucher

Rua Pedroso Alvarenga, 1245, 4º andar
04531-934 – São Paulo – SP – Brasil
Tel.: 55 11 3078-5366
contato@blucher.com.br
www.blucher.com.br

Segundo Novo Acordo Ortográfico, conforme
5. ed. do *Vocabulário Ortográfico da Língua
Portuguesa*, Academia Brasileira de Letras,
março de 2009.

É proibida a reprodução total ou parcial por
quaisquer meios, sem autorização escrita da
editora.

Todos os direitos reservados pela Editora
Edgard Blücher Ltda.

FICHA CATALOGRÁFICA

Rocha Filho, José Alves da
    Guia para aulas práticas de biotecnologia de
enzimas e fermentação / José Alves Rocha Filho,
Michele Vitolo. – São Paulo : Blucher, 2017.
    170 p. : il.

Bibliografia
ISBN 978-85-212-1168-6

    1. Biotecnologia   2. Microbiologia   3. Enzimas
4. Enzimas – Fermentação   I. Título   II. Vitolo,
Michele

17-0067   CDD 660.634

Índice para catálogo sistemático:
1. Enzimas – Biotecnologia

CONTEÚDO

1. SOLUÇÕES-TAMPÃO 11
   1.1 Objetivo 11
   1.2 Teoria 11
   1.3 Reagentes e equipamentos 20
      1.3.1 Reagentes 20
      1.3.2 Equipamentos 20
   1.4 Métodos analíticos 20
   1.5 Práticas 21
      1.5.1 Preparação e avaliação da capacidade de tamponamento do tampão acetato 21
      1.5.2 Curva de titulação da glicina 22
      1.5.3 Curva de titulação da glicina na presença de formaldeído 23
   1.6 Questões de revisão e fixação 25
   1.7 Bibliografia 25

2. OBTENÇÃO E CARACTERIZAÇÃO DE ENZIMAS 27
   2.1 Objetivo 27
   2.2 Teoria 27
   2.3 Reagentes e equipamentos 31
      2.3.1 Reagentes 31
      2.3.2 Equipamentos 31

6 · Guia para aulas práticas de biotecnologia de enzimas e fermentação

2.4 Métodos analíticos 32
    2.4.1 Dosagem de proteína solúvel 32
    2.4.2 Dosagem de proteína insolúvel (método de Kjehldal) 33
    2.4.3 Medida da atividade enzimática 33
2.5 Práticas 37
    2.5.1 Estabelecimento da curva-padrão para dosagem de proteína
    solúvel (método do biureto) 37
    2.5.2 Estabelecimento da curva-padrão para a dosagem de proteína
    solúvel (método de Bradford) 38
    2.5.3 Estabelecimento da curva-padrão para dosagem de proteína
    solúvel (método de Lowry) 40
    2.5.4 Estabelecimento da curva-padrão de tirosina para a dosagem
    da atividade bromelínica 41
    2.5.5 Estabelecimento da curva-padrão para medida do halo de inibição
    relacionado à atividade bromelínica em meio sólido (placa de petri) ... 42
    2.5.6 Obtenção da bromelina (a partir da polpa e/ou casca do abacaxi) 44
    2.5.7 Estabelecimento da curva-padrão de amônia para dosagem da
    atividade ureásica 45
    2.5.8 Obtenção da urease 46
    2.5.9 Estabelecimento da curva-padrão de glicose para dosagem da
    atividade invertásica 49
    2.5.10 Obtenção da invertase 51
2.6 Questões de revisão e fixação 52
2.7. Bibliografia 53

3. FATORES QUE AFETAM A ATIVIDADE ENZIMÁTICA 55

3.1 Objetivo 55
3.2 Teoria 55
    3.2.1 Fatores de ação localizada 56
    3.2.2 Fatores de ação deslocalizada 58
    3.2.3 Efeito da concentração inicial de substrato 60
3.3 Reagentes e equipamentos 62
    3.3.1 Reagentes 62
    3.3.2 Equipamentos 62
3.4 Métodos analíticos 62
    3.4.1 Dosagem da atividade da bromelina 62
    3.4.2 Dosagem da atividade da urease 63
    3.4.3 Dosagem da atividade da invertase 63
3.5 Práticas 64
    3.5.1 Efeito do pH na atividade e estabilidade enzimática 64
    3.5.2 Efeito da temperatura na atividade e estabilidade enzimática 75
    3.5.3 Efeito da força iônica do tampão na atividade enzimática 82
    3.5.4 Efeito da concentração inicial de substrato na atividade enzimática . 84

Conteúdo

3.5.5 Efeito conjugado pH-temperatura na atividade enzimática 88
3.5.6 Efeito de inibidores na atividade enzimática 92
3.6 Questões de revisão e fixação 95
3.7 Bibliografia 96

4. IMOBILIZAÇÃO: TIPOS E TÉCNICAS 97

4.1 Objetivo 97
4.2 Teoria 97
    4.2.1 Introdução 97
    4.2.2 Encapsulamento 100
    4.2.3 Ligação em resinas de troca iônica 102
    4.2.4 Quitosana 103
    4.2.5 Coeficiente de imobilização (CI) 104
4.3 Reagentes e equipamentos 104
    4.3.1 Reagentes 104
    4.3.2 Equipamentos 105
4.4 Métodos analíticos 105
4.5 Práticas 105
    4.5.1 Imobilização em hidrogel 105
    4.5.2 Imobilização em resinas de troca iônica 111
4.6 Questões de revisão e fixação 117
4.7 Bibliografia 117

5. FERMENTAÇÃO 119

5.1 Objetivo 119
5.2 Teoria 119
5.3 Reagentes e equipamentos 121
    5.3.1 Reagentes 121
    5.3.2 Equipamentos 121
5.4 Métodos analíticos 121
    5.4.1 Determinação da massa celular seca 121
    5.4.2 Determinação da concentração de células por meio da contagem
        em câmara de Neubauer 122
    5.4.3 Dosagem do etanol 124
    5.4.4 Dosagem do açúcar redutor total (ART) 125
    5.4.5 Dosagem dos açúcares redutores (AR) 125
5.5 Práticas 125
    5.5.1 Preparação e propagação das células para o inóculo 125
    5.5.2 Imobilização das células por aprisionamento 126
    5.5.3 Determinação da curva de crescimento celular em frascos agitados
        (efeito do pH, da temperatura e da composição do meio de cultura) .. 127
    5.5.4 Determinação da curva de consumo de substrato por células de
        levedura em frascos agitados 128

8   *Guia para aulas práticas de biotecnologia de enzimas e fermentação*

5.5.5 Determinação da capacidade fermentativa de leveduras em frascos agitados em termos de etanol formado (efeito do pH, da temperatura e da composição do meio de cultura).......................... 128

5.5.6 Fermentação de caldo de cana com a levedura imobilizada em alginato de cálcio 130

5.5.7 Destilação do etanol formado na fermentação do caldo de cana clarificado usando células de levedura imobilizadas em alginato de cálcio 132

5.6 Questões de revisão e fixação 133

5.7 Bibliografia 134

6. BIORREATORES 135

6.1 Objetivo... 135

6.2 Teoria.. 135

6.3 Reagentes e equipamentos 137

     6.3.1 Reagentes.. 137

     6.3.2 Equipamentos 137

6.4 Método analítico 137

6.5 Práticas.. 138

     6.5.1 Operacionalização de biorreatores descontínuo, contínuo e descontínuo alimentado 138

     6.5.2 Hidrólise da sacarose pela invertase solúvel em biorreator descontínuo 144

     6.5.3 Hidrólise da sacarose pela invertase solúvel em biorreator descontínuo alimentado 145

     6.5.4 Hidrólise da sacarose pela invertase imobilizada em biorreator descontínuo 147

     6.5.5 Hidrólise da sacarose pela invertase imobilizada em biorreator descontínuo alimentado 148

     6.5.6 Hidrólise da sacarose pela invertase ligada à parede celular da levedura de panificação 150

     6.5.7 Emprego da levedura de panificação aprisionada em hidrogel na hidrólise da sacarose executada em biorreator contínuo com agitação constante 152

6.6 Questões de revisão e fixação 153

6.7 Bibliografia 154

RESOLUÇÃO DAS QUESTÕES DE REVISÃO E FIXAÇÃO E DOS PROBLEMAS PROPOSTOS EM "QUESTÕES PARA RESPONDER"....................... 155

INTRODUÇÃO

Esta obra tem como objetivo fornecer aos professores de biotecnologia, química, biologia e áreas afins diretrizes para o estabelecimento de um conjunto de aulas práticas, visando ilustrar os conceitos fundamentais dessas áreas.

Os experimentos descritos são resultado da experiência dos autores no ensino de disciplinas de caráter biotecnológico – como enzimologia industrial, biotecnologia farmacêutica e tecnologia das fermentações – e da realização de pesquisas e publicações nas áreas referidas. São sugeridos experimentos práticos sobre obtenção de enzimas a partir de fontes naturais comuns – abacaxi (bromelina), soja (urease) e levedura de panificação (invertase) –, avaliação da atividade catalítica e influência de fatores que a afetam. Experimentos relacionados a técnica de imobilização de enzimas e células, processos fermentativos e emprego de biorreatores também são propostos.

Os experimentos foram concebidos considerando os seguintes aspectos: (a) viabilidade de execução em laboratórios modestamente equipados; (b) nível de ensino (médio ou superior); (c) abordagem dos conceitos fundamentais sobre atividade e obtenção de enzimas, processo fermentativo e emprego de biorreatores; (d) flexibilidade para o docente fazer as adaptações que julgar necessárias em função da etapa e do tipo do curso a ser ministrado; (e) adaptabilidade da metodologia descrita a outras enzimas, processos fermentativos e uso de biorreatores; (f) operacionalização de biorreatores em regime transiente (descontínuo ou descontínuo alimentado) ou estacionário (contínuo); e (g) facilidade na elaboração de programas para cursos práticos baseados na concepção atual de ensinar com pesquisa (graduação e, sobretudo, pós-graduação). Além disso, a proposição de questões relacionadas às aulas práticas permite ao professor organizar discussões entre os alunos sobre os resultados obtidos, correlacionando-os com os aspectos teóricos previamente ensinados.

O laboratório adequado para planejamento e execução das práticas sugeridas deve ter requisitos de segurança básicos (peras de borracha, ventilação adequada, equipamentos de proteção individual (EPI) em quantidade suficiente para a capacidade máxima de alunos, capelas com exaustão eficiente, extintores de incêndio, bancadas feitas de material resistente a agentes químicos corrosivos e ao fogo, técnico(s) capacitado(s) etc.), vidraria comum (béqueres, frascos cônicos, buretas, provetas, pipetas – que podem ser substituídas pelas do tipo automático –, tubos de ensaio de vários tamanhos, balões volumétricos, kitasatos etc.), reagentes (necessários para preparar as soluções específicas de cada aula prática) e outros materiais, como pissetas, papel-toalha, tripé, tela de amianto, espátulas, bico de Bunsen, papéis de filtro, papel indicador universal, ferragens em geral (mufas, garras, argolas, suportes, tripé etc.), entre outros. A quantidade de materiais necessários para uma aula prática é pensada em função do número de alunos por turma e do planejamento estabelecido pelo professor.

Os equipamentos indispensáveis para a execução das aulas práticas sugeridas são: balança analítica, balança semianalítica, agitador magnético, medidor de pH, liquidificador, espectrofotômetro, banho-maria, agitador rotatório (shaker), agitador de tubos (vortex), estufa convencional (30 ºC - 120 ºC), estufa para microbiologia (30 ºC - 60 ºC), bomba de vácuo, centrífuga, deionizador de água, geladeira, freezer, bomba peristáltica, autoclave, sistema de microfiltração "tipo Millipore" (diâmetro do poro da membrana 0,45 μm), câmara de Neubauer, refratômetro ABBE e aparato para destilação fracionada.

Finalmente, em virtude da complexidade e do caráter multidisciplinar da biotecnologia e áreas afins, é impossível exaurir todas as possibilidades de aulas práticas. Assim, optou-se pela proposição de temas, que, embora específicos, são de fácil expansibilidade e adaptabilidade para situações correlatas de ensino. Por isso, experiência, criatividade e capacidade de planejamento do docente são fatores indispensáveis e insubstituíveis para a elaboração de um programa prático eficiente e de bom nível para determinado curso e/ou disciplina.

CAPÍTULO 1
SOLUÇÕES-TAMPÃO

1.1 OBJETIVO

Preparar e verificar a capacidade de tamponamento de soluções-tampão. Construir a curva de titulação de um eletrólito fraco.

1.2 TEORIA

O mundo que nos cerca é constituído de átomos e de moléculas. O átomo é a menor parte da matéria que também caracteriza determinado **elemento químico**, formado por átomos idênticos, ou seja, todos contendo o mesmo número de prótons, já a **molécula** é um agrupamento de átomos que caracteriza uma **substância**. Diz-se que uma substância é **pura** quando possui um só tipo de molécula, caso contrário trata-se de uma **mistura**. A substância pura recebe o adjetivo **simples**, quando é formada por um único elemento químico (O_3, O_2, Cl_2, P_4, dentre outros), e o adjetivo **composta**, quando possui em sua constituição dois ou mais elementos químicos (CO_2, NH_3, CH_4, por exemplo).

Em termos simples, pode-se considerar que tudo aquilo que ocupa lugar no espaço e possui massa – por ser o resultado da combinação de átomos – constitui a **matéria** e que cada espécie particular de matéria, a qual se distingue das demais pelas suas propriedades, é chamada de **material**. Este, por sua vez, se tiver composição química invariável (um só tipo de molécula) forma uma **substância** (etanol, acetona, clorofórmio, ozônio, oxigênio, por exemplo); entretanto, se possui composição química variável (duas ou mais moléculas diferentes) constitui uma **mistura** (gasolina, leite, petróleo etc.). Quando duas ou mais substâncias são misturadas, o resultado pode ser uma mistura heterogênea, como a **suspensão**, ou homogênea, como a **solução**.

O aspecto relevante relacionado à solução refere-se ao fato de ela ser sempre formada por pelo menos duas substâncias, das quais a que aparece em maior quantidade é chamada de **solvente** e a(s) outra(s), **soluto(s)**. Sucede que a quantidade e/ou natureza química do(s) soluto(s), ao interagir com o solvente, conferem à solução características únicas, por exemplo: o comportamento típico de uma substância frente aos pontos de ebulição (mistura azeotrópica) e de congelamento (mistura eutética) e, no caso de soluções aquosas de eletrólitos fracos (ácido acético, glicina, hidróxido de amônio, entre outros), a capacidade de evitar, dentro de certos limites, a mudança do pH, mesmo mediante adição de pequenas quantidades de ácido ou base forte. Nesse caso, a solução recebe o nome particular de **solução-tampão**. E a compreensão sobre a natureza da solução-tampão baseia-se nos conceitos de pH e par conjugado (ácido/base).

Tomando a dissociação que ocorre na água no estado líquido, tem-se:

$$2\,H_2O \;\;\rightleftarrows\;\; H_3O^+ + HO^-$$

Logo, escreve-se a constante de equilíbrio (K_{eq}) para a água:

$$K_{eq} = \frac{\left[\left(H_3O^+\right)\cdot\left(HO^-\right)\right]}{\left(H_2O\right)^2} \tag{1.1}$$

Rearranjando a Equação (1.1), obtém-se:

$$K_{eq} \cdot (H_2O)^2 = K_w = (H_3O^+) \cdot (HO^-) \tag{1.2}$$

em que K_w é o produto iônico da água. Esse produto iônico da água é uma constante, cujo valor a 25° C é $1,0 \cdot 10^{-14}$. O termo $(H_2O)^2$ é constante pelo fato da água encontrar-se em grande quantidade na solução – é o solvente, no caso – e sua dissociação ser muito pequena. Em razão da dissociação da água com o consequente aparecimento do íon hidrônio (H_3O^+) livre, define-se a grandeza pH como segue:

$$pH = -Log\,(H_3O^+) \tag{1.3}$$

O conceito de par conjugado (ácido/base), introduzido por Bronsted-Lowry, resultou do reconhecimento de que o ácido é uma substância capaz de doar íons H^+ e a base, capaz de recebê-los. Exemplificando:

$$
\begin{array}{cccccccc}
& \text{OH} & & & & & & \text{O}^- \\
& | & & & & & & | \\
H_3C - C = O & + & H_2O & \rightleftarrows & H_3O^+ & + & H_3C - C = O \\
\text{ácido acético} & & \text{água} & & \text{íon hidrônio} & & & \text{acetato} \\
\textbf{(ácido)} & & \textbf{(base)} & & \textbf{(ácido)} & & & \textbf{(base)}
\end{array}
$$

Soluções-tampão

$$NH_4^+ \quad + \quad H_2O \quad \leftrightarrows \quad H_3O^+ \quad + \quad NH_3$$

íon amônio	água	íon hidrônio	amônia
(ácido)	**(base)**	**(ácido)**	**(base)**

Cada um dos binômios (ácido acético/acetato), (H_3O^+/H_2O) e (NH_4^+/NH_3) recebe o nome de **par conjugado ácido/base**.

As soluções-tampão são biologicamente importantes, pois, ao evitar variações no pH do meio, contribuem para a manutenção da atividade catalítica de enzimas responsáveis por reações intracelulares em geral. Exemplos de tampões para essa finalidade são o tampão bicarbonato (H_2CO_3/HCO_3^-), que mantém o pH do sangue, e o tampão fosfato $(H_2PO_4^-/HPO_4^{2-})$, que é responsável por manter o pH dos fluidos intra e extracelulares.

Toma-se como modelo o tampão carbonato/bicarbonato:

$$H_2CO_3 \quad + \quad H_2O \quad \leftrightarrows \quad H_3O^+ + HCO_3^-$$

Ao adicionar um ácido a essa solução, o equilíbrio se deslocará para a esquerda, uma vez que uma quantidade equivalente de bicarbonato passará a ácido carbônico. O contrário ocorreria se fosse adicionada uma base a essa solução. A capacidade que uma solução-tampão possui de manter o pH constante após a adição de ácido ou base é denominada **capacidade de tamponamento**, que pode ser expressa como o número de moles por litro de H^+ ou OH^- necessários para causar dada mudança no pH, como de uma unidade.

A partir da equação de equilíbrio químico envolvido em um sistema tampão, pode-se deduzir a equação de Henderson-Hasselbalch – Equação (1.4) –, muito usada nos cálculos envolvendo soluções-tampão:

$$pH = pKa + \log \frac{[A^-]}{[HA]} \tag{1.4}$$

Nessa equação: pKa é o pH, no qual 50% do eletrólito fraco está dissociado; $[A^-]$ significa concentração da base conjugada; $[HA]$ representa concentração do ácido conjugado.

Retomando o conceito da capacidade de tamponamento de uma solução-tampão e considerando uma curva de titulação qualquer (eletrólito fraco com ácido ou base forte), é definida a capacidade de tamponamento instantânea (φ) como o recíproco da inclinação da curva de titulação em qualquer ponto, a qual pode ser expressa pela seguinte equação (deduzida a partir da equação de Henderson-Hasselbalch):

14   *Guia para aulas práticas de biotecnologia de enzimas e fermentação*

$$\varphi = [2,3 \cdot (A^-) \cdot (HA)] \div [(A^-) + (HA)] \tag{1.5}$$

Embora à primeira vista não pareça, essa equação indica que φ aumenta à medida que a concentração do tampão aumenta. Para verificar isso, supõe-se o tampão ácido acético/acetato (pKa = 4,76) nas concentrações 0,25M e 0,01M e pH = 5,0. O volume de cada solução-tampão foi fixado em 1L. O cálculo resume-se em considerar o equilíbrio:

	HAc	+	H_2O	$\rightleftarrows$	H_3O^+	+	Ac^-
0,25M:	(0,25– x)		(x)		(x)		(x)
0,01M:	(0,01 – y)		(y)		(y)		(y)

Aplicando a equação de Henderson-Hasselbalch para ambas as concentrações de tampão, tem-se x = 0,159 e y = 0,00635. Logo, as respectivas capacidades de tamponamento são:

$$\varphi_{0,25M} = \frac{(2,3 \cdot 0,159 \cdot 0,091)}{0,25} = 0,133$$

$$\varphi_{0,01M} = \frac{(2,3 \cdot 0,00635 \cdot 0,00365)}{0,01} = 0,00533$$

ou seja, $\varphi_{0,25M} \cong 25\varphi_{0,01M}$.

Considerando, a partir do exemplo discutido, que a solução 25 vezes mais concentrada (0,25/0,01 = 25) tem poder tamponante superior, pode-se pensar sobre o que sucede com o pH do tampão, quando tem sua concentração variada. A experiência mostra que a diluição de um tampão afeta seu pH. As razões identificadas para a ocorrência desse fato são três: mudança nos coeficientes de atividade das espécies conjugadas ácido/base, alteração no grau de dissociação do eletrólito e aproximação da constante de equilíbrio do K_w na condição extremamente diluída – ou seja, tem-se, praticamente, somente água.

O coeficiente de atividade (γ) para qualquer espécie química não permanece invariável, quando ocorre mudança na concentração. Inclusive, seu valor não varia proporcionalmente à diluição feita. Por exemplo, seguindo o ditame de Segel (1979) e sabendo que na concentração de 0,1M tem-se $\gamma_{HCO3^-} = 0,82$ e $\gamma_{CO3^{-2}} = 0,445$ e na concentração 0,01M, $\gamma_{HCO3^-} = 0,928$ e $\gamma_{CO3^{-2}} = 0,742$, pode-se calcular o pH de um "tampão carbonato 0,2M" contendo quantidades equimoleculares de HCO_3^- e CO_3^{-2}, isto é, 0,1M de cada espécie iônica, como segue:

$$pH = 10,2 + Log \, [\gamma_{CO3}^{-2} \cdot (CO_3^{-2}) \div \gamma_{HCO3}^- \cdot (HCO_3^-)]$$

Soluções-tampão

Para "tampão carbonato 0,2M":

pH = 10,2 + Log [(0,445.0,1) ÷ (0,82.0,1)] = 9,94

Para "tampão carbonato 0,02M":

pH = 10,2 + Log [(0,742.0,01) ÷ (0,928.0,01)] = 10,1

Como se pode observar, uma diluição de dez vezes levou a uma variação do valor do pH da ordem de 1,6%. Na maioria das vezes, uma variação dessa ordem pode ser negligenciada em termos práticos. Além disso, é possível levar o pH da solução 0,02M a 9,94 adicionando uma ou duas gotas de HCl 1M.

A variação do pH da solução frente à mudança do grau de dissociação do eletrólito fraco à medida que a solução é diluída pode ser constatada a partir do próximo exemplo. Assim, 1L do tampão succinato 0,04M é preparado com a dissolução de 0,02 mol de ácido succínico (H_2SUC) – ácido diprótico em que $pK_{a1} = 4,19$ e $pK_{a2} = 5,57$ – e 0,02 mol de succinato de sódio (HSUCNa). As reações de dissociação em água do ácido e do sal sódico podem ser representadas da seguinte maneira:

HSUCNa $\rightarrow$ $HSUC^-$ + Na^+

0,02   0,02   0,02

H_2SUC + H_2O $\rightleftarrows$ $HSUC^-$ + H_3O^+

(0,02 - y)   y   y

Logo, $[HSUC^-]_{total} = (0,02 + y)$. Sabendo que:

$K_{a1} = \{[H_3O^+] \cdot [HSUC^-]\} \div [H_2SUC] = 6,46 \cdot 10^{-5}$.

Substituindo: $6,46 \cdot 10^{-5} = y \cdot \dfrac{(0,02+y)}{(0,02-y)}$.

Rearranjando: $y^2 + 0,0201y - 1,292 \cdot 10^{-6} = 0$.

Resolvendo a equação, tem-se como raiz positiva $y = 6,43 \cdot 10^{-5}$.

Finalmente:

$[H_2SUC] = 0,01994$ mol/L; $[HSUC^-] = 0,0201$ mol/L; $[H_3O^+] = 6,43 \cdot 10^{-5}$ mol/L.

Por conseguinte, substituindo as concentrações calculadas para íon hidrônio, base conjugada e ácido conjugado na equação de Henderson-Hasselbalch, tem-se pH = 4,19, ou seja, pH $\cong$ pK_{a1}.

Ao diluir o tampão succinato 0,04M de cem vezes, tem-se:

$$[H_2SUC] = (2 \cdot 10^{-4} - y) \qquad [HSUC^-] = (2 \cdot 10^{-4} + y) \qquad [H_3O^+] = y$$

Procedendo como o exemplo anterior, chega-se a:

$$y^2 + 2,65 \cdot 10^{-4}y - 13 \cdot 10^{-9} = 0.$$

Resolvendo a equação quadrática, obtém-se: $y = 4,21 \cdot 10^{-5}$.

Logo, $[H_2SUC] = 1,58 \cdot 10^{-4}M$; $[HSUC^-] = 2,42 \cdot 10^{-4}M$; $[H_3O^+] = 4,21 \cdot 10^{-5}$; e pH = 4,38 (calculado por meio da equação de Henderson-Hasselbalch).

Se o tampão succinato 0,04M tivesse sido diluído de dez mil vezes, procedendo como já descrito, ter-se-ia: $y^2 + 6,66 \cdot 10^{-5}y - 1,292 \cdot 10^{-10} = 0$, que após resolução resulta em $y = 1,887 \cdot 10^{-6}$.

Logo, $[H_2SUC] = 0,113 \cdot 10^{-6}M$; $[HSUC^-] = 3,887 \cdot 10^{-6}M$; $[H_3O^+] = 1,887 \cdot 10^{-6}$; e pH = 5,73 (calculado por meio da equação de Henderson-Hasselbalch).

Como se pode depreender do exposto, o pH da solução-tampão tende para 7,0 à medida que a diluição aumenta. Isso significa que a contribuição em termos de íons H_3O^+ e OH^- por parte do tampão se assemelha ao da água pura.

Do exposto, parece razoável admitir que o uso de tampão concentrado seja a medida correta para manter o pH da solução invariável. Sucede, porém, que o material biológico (enzima, célula, tecido etc.), objeto de estudo, pode ser sensível à força iônica alta, implicando na escolha de uma condição intermediária. Por isso, um estudo das melhores condições de tamponamento (tipo de substância, concentração e pH) deve preceder qualquer manipulação de materiais biológicos.

O ácido succínico é um exemplo de substância diprótica cuja dissociação em água pura se dá conforme o esquema:

$$H_2SUC + H_2O \leftrightarrows HSUC^- + H_3O^+$$
$$\text{(ácido)} \quad \text{(base)} \quad \text{(base)} \quad \text{(ácido)}$$

$$HSUC^- + H_2O \leftrightarrows SUC^{-2} + H_3O^+$$
$$\text{(ácido)} \quad \text{(base)} \quad \text{(base)} \quad \text{(ácido)}$$

Assim, o ácido diprótico possui dois valores de pK_a (pH no qual as concentrações de ácido e base conjugados são iguais, conforme a equação de Henderson-Hasselbalch), que, no caso do ácido succínico, são $pK_{a1} = 4,19$ e $pK_{a2} = 5,57$. Logicamente, a escolha do par conjugado mais adequado vai depender da faixa de trabalho. Assim, caso se queira uma solução de pH entre 3,7 e 4,5, o tampão deve ser preparado usando ácido succínico e succinato monossódico. Porém, caso a faixa seja entre 5,0 e 6,0, é preciso

Soluções-tampão

usar succinato mono e dissódico. No entanto, como as espécies H_2SUC, $HSUC^-$ e SUC^{-2} coexistem em meio aquoso através de equações de equilíbrio, pode-se preparar o tampão usando quaisquer combinações de ácido succínico e seus sais, uma vez que o pH da solução-tampão desejada pode ser alcançado por meio da adição de solução, em geral 1M, de HCl ou NaOH. A mesma argumentação vale para um ácido triprótico.

Alguns exemplos de ácidos fracos com capacidade de tamponamento são apresentados na tabela a seguir.

Tabela 1.1 Valores de K_a e pK_a para alguns ácidos fracos

Ácido	HA	A-	Ka	pKa
Ácido acético	CH_3COOH	CH_3COO^-	$1,76 \cdot 10^{-5}$	4,76
Ácido benzoico	C_6H_5COOH	$C_6H_5COO^-$	$6,46 \cdot 10^{-5}$	4,19
Ácido carbônico (1)	H_2CO_3	HCO_3^-	$4,3 \cdot 10^{-7}$	6,37
Ácido carbônico (2)	HCO_3^-	CO_3^-	$5,6 \cdot 10^{-11}$	10,20
Ácido cítrico (1)	$HOOC-CH_2-C(OH)-$ $COOH-CH_2-COOH$	$HOOC-CH_2-C(OH)-$ $COOH-CH_2\text{-}COO^-$	$8,14 \cdot 10^{-4}$	3,09
Ácido cítrico (2)	$HOOC-CH_2-C(OH)-$ $COOH-$ CH_2-COO^-	$^-OOC-CH_2-C(OH)-$ $COOH-CH_2-COO^-$	$1,78 \cdot 10^{-5}$	4,75
Ácido cítrico (3)	$^-OOC-CH_2-$ $C(OH)-COOH-CH_2-$ COO^-	$^-OOC-CH_2-C(OH)-$ $COO^--CH_2-COO^-$	$3,90 \cdot 10^{-6}$	5,41
Ácido fosfórico (1)	H_3PO_4	$H_2PO_4^-$	$7,25 \cdot 10^{-3}$	2,14
Ácido fosfórico (2)	$H_2PO_4^-$	HPO_4^{2-}	$6,31 \cdot 10^{-8}$	7,20
Ácido fosfórico (3)	HPO_4^{2-}	PO_4^{3-}	$3,9 \cdot 10^{-13}$	12,40
Ácido láctico	$CH_3CHOHCOOH$	$CH_3CHOHCOO^-$	$1,38 \cdot 10^{-4}$	3,86
Ácido pirúvico	$CH_3COCOOH$	CH_3COCOO^-	$3,16 \cdot 10^{-3}$	2,50

Ao se considerar um ácido poliprótico em solução, tem-se pelo menos um íon intermediário que pode ionizar-se tanto como ácido quanto como base. Por exemplo, no caso do ácido succínico:

$$HSUC^- + H_2O \rightleftarrows SUC^{-2} + H_3O^+$$

$$HSUC^- + H_2O \rightleftarrows H_2SUC + HO^-$$

O comportamento do íon intermediário (HSUC⁻) é dito "anfotérico" e os sais resultantes são anfóteros. Assim, pode-se considerar como anfótera a substância que ora atua como ácido, ora como base. O exemplo clássico de substâncias anfotéricas são os aminoácidos comuns.

Os aminoácidos comportam-se como eletrólitos fracos que, em solução aquosa, geram pelo menos três formas intermediárias (AA⁰, AA⁻ e AA⁺) que coexistem em equilíbrio. Apresentam em sua estrutura o grupo amino (NH_2) e o grupo carboxílico (COOH), ligados ao C1 da cadeia principal. Além disso, há aminoácidos, como a lisina e a arginina, que possuem em sua estrutura grupos químicos, que também podem agir como um par conjugado ácido/base.

A equação da Figura 1.1 simboliza a ionização dos grupos amino e carboxílico de um aminoácido em função do pH do meio. Na Figura 1.2 está mostrada a curva de titulação de um aminoácido com uma base forte (NaOH ou KOH).

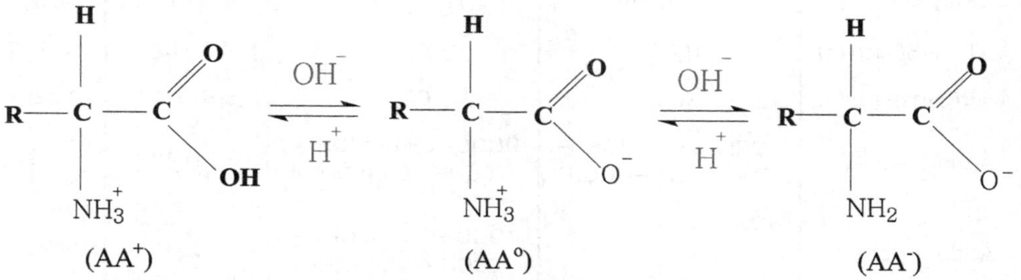

Figura 1.1 Formas do aminoácido em termos de carga efetiva (nula, positiva ou negativa), conforme o pH do meio.

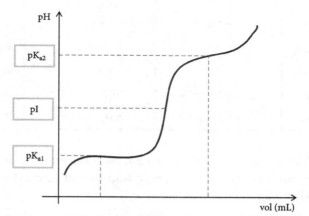

Figura 1.2 Curva de titulação de um aminoácido com hidróxido de sódio.

Da análise da curva, pode-se concluir que: (a) em pKa_1, a solução comporta-se como sistema tampão e, nesse ponto, existem no meio 50% das moléculas carregadas positivamente (forma de ácido fraco; AA⁺) e 50% das moléculas eletricamente neutras

Soluções-tampão   **19**

(forma salina; AA^o); (b) no pI, 100% das moléculas estão na forma neutra (salina; AA^o); e (c) em pKa_2, a solução comporta-se como sistema tampão e, nesse ponto, há 50% das moléculas carregadas negativamente (forma de base fraca; AA^-) e 50% das moléculas eletricamente neutras (forma salina; AA^o).

Uma vez que os aminoácidos são os constituintes de todas as proteínas, essas macromoléculas acabam apresentando carga líquida positiva, negativa ou neutra, conforme o pH da solução em que se encontram. Nesse caso, porém, os grupamentos responsáveis por essa característica localizam-se nas cadeias laterais dos aminoácidos, já que os grupos amino e carboxílico do C1 estão envolvidos na formação das ligações pépticas da macromolécula.

Uma aplicação muito importante da titulação dos aminoácidos com base forte é na determinação do **grau de hidrólise (GH)** de uma proteína submetida à ação de protease. Por exemplo, na produção de gelatina a partir do colágeno, a intensidade da hidrólise é acompanhada tanto pela medida do GH como pela determinação da viscosidade do hidrolisado.

Para finalizar, é preciso lembrar o conceito de concentração de uma solução, que relaciona a quantidade de soluto com a de solvente. Há várias maneiras de expressar a concentração de soluções. São exemplos:

a) Percentagem em volume (C):

Consiste na relação entre o volume do soluto e o volume da solução. Pode ser representada pela equação:

$$C = [\text{volume do } \textbf{soluto} \div \text{volume da } \textbf{solução}] \cdot 100 \tag{1.6}$$

É útil quando há dissoluções de líquidos em líquidos, gases em gases e gases em líquidos. Por exemplo, quando se tem uma solução de etanol em água a 80%, significa que, em cem volumes de solução, 80 volumes são de etanol e 20 volumes, de água.

b) Título (τ):

$$\tau = [\text{massa do } \textbf{soluto} \div \text{massa da } \textbf{solução}] \tag{1.7}$$

Sendo massa da **solução** = massa do **soluto** + massa do **solvente**.

Por exemplo, se temos 20g de H_2SO_4 dissolvidos em 100g de água, obtemos:

$$\tau = \left[\frac{20}{(20+100)}\right] = 0,165$$

ou seja, o título da solução é 0,165. É preciso lembrar que o título não tem unidade e que seu valor pertence sempre ao intervalo $0 < \tau < 1$. Outra forma de lidar com o título é a chamada **percentagem em peso**, dada por: **(% em peso)** $= \tau \cdot \mathbf{100}$. Assim, na solução citada, cujo título é 0,165, a **(% em peso)** do ácido sulfúrico seria de 16,5%, isto é, em cada 100g de solução, 16,5g são de ácido.

c) Molaridade (M):

A molaridade sempre deve ser expressa como segue:

$$\mathbf{M} = (\text{número de moles do } \mathbf{soluto}) \div (\text{volume da solução em } \mathbf{litro}) \qquad (1.8)$$

Deve-se lembrar que:

$$(\text{número de moles do } \mathbf{soluto}) = (\text{massa do } \mathbf{soluto}) \div (\text{massa molar do } \mathbf{soluto}) (1.9)$$

1.3 REAGENTES E EQUIPAMENTOS

1.3.1 REAGENTES

Ácido acético glacial, acetato de sódio (sólido), formaldeído, solução de HCl 0,1 mol/L, solução de HCl 1 mol/L, solução de NaOH 0,1 mol/L, solução de KOH 0,1 mol/L, soluções-tampão para calibrar o medidor de pH (pH 4,0 e 7,0), solução de cloridrato de glicina 0,01 mol/L (dissolver 0,115g de cloridrato de glicina ou 0,076 g de glicina em 100 mL de água destilada).

1.3.2 EQUIPAMENTOS

Balança analítica, agitador magnético e medidor de pH.

1.4 MÉTODOS ANALÍTICOS

A medida do pH, quer referente à capacidade de tamponamento da solução, quer relativo ao acompanhamento da titulação, é feita usando um medidor de pH. Para tanto, mergulha-se o eletrodo de vidro do aparelho na solução-tampão para fazer a medida direta de seu pH. Antes de realizar a leitura, deve-se interromper a agitação da solução. Para calibrar o aparelho é preciso usar soluções-tampão padronizadas de pH 4,0 e pH 7,0. Essas soluções devem estar na mesma temperatura da solução de amostra.

Soluções-tampão

1.5 PRÁTICAS

1.5.1 PREPARAÇÃO E AVALIAÇÃO DA CAPACIDADE DE TAMPONAMENTO DO TAMPÃO ACETATO

Preparar 100 mL de tampão acetato 1 mol/L, pH 4,5, a partir de solução de ácido acético e acetato de sódio 1 mol/L.

Seguir os passos:

1. Calcular o volume de ácido acético glacial necessário para preparar 100 mL de solução 1 mol/L. Massas atômicas: C = 12,0; H = 1,0; O = 16,0. A densidade e a percentagem em peso serão fornecidas pelo professor.

2. Calcular a massa de acetato de sódio necessária para preparar 100 mL de solução 1 mol/L. Massas atômicas: C = 12,0; H = 1,0; O = 16,0; Na = 23,0.

3. Preparar 100 mL de cada uma das soluções.

4. Calcular os volumes de soluções de ácido acético e acetato de sódio necessários para preparar 100 mL de tampão acetato 1 mol/L e pH 4,5. Dado: Ka = 1,76 · 10^{-5}.

5. Preparar a solução-tampão mediante adição dos volumes de soluções calculados no item anterior.

6. Medir o pH do tampão preparado com o medidor de pH, **anotando** o valor encontrado.

7. Transferir uma alíquota de 20 mL do tampão preparado para um béquer de 100 mL.

8. Adicionar 1 mL de HCl 0,1 mol/L. Agitar e medir o pH. **Anotar** o pH antes e após a adição do ácido.

9. Transferir uma alíquota de 20 mL do tampão preparado para um béquer de 100 mL. Adicionar 1 mL de NaOH 0,1 mol/L. Agitar e medir o pH. **Anotar** o pH antes e após a adição da base.

1.5.1.1 Organizar e analisar os dados obtidos

a) Realizar os cálculos necessários para determinar a massa de acetato de sódio necessária para o preparo da solução.

b) Fazer os cálculos necessários para determinar o volume de ácido acético concentrado necessário para o preparo da solução.

22   *Guia para aulas práticas de biotecnologia de enzimas e fermentação*

c) Efetuar os cálculos necessários para determinar os volumes de soluções de acetato de sódio e ácido acético necessários para o preparo da solução-tampão.

d) Completar a Tabela 1.2 a seguir com os resultados obtidos no experimento.

Tabela 1.2   Dados para avaliação da capacidade de tamponamento do tampão acetato

Tampão acetato 1 mol/L (pH 4,5)						
pH teórico	pH experimental	% variação	pH após adição de HCl	% variação	pH após adição de NaOH	% variação
4,5						

1.5.1.2 Questões para responder

1. Discuta a importância das soluções-tampão para os sistemas biológicos.

2. Variações bruscas de pH podem afetar a atividade de enzimas? Justifique a resposta.

3. Que conclusão se pode tirar do experimento realizado?

4. Escreva a equação química envolvida no tampão acetato, discutindo seu mecanismo de ação mediante a adição de ácido clorídrico ou hidróxido de sódio.

1.5.2 CURVA DE TITULAÇÃO DA GLICINA

Transferir 50 mL de solução de glicina 0,01 mol/L para um béquer de 250 mL. Com cuidado, deve-se inserir na solução o eletrodo de pH. Acidificar a solução pela adição de gotas de solução de ácido clorídrico 1 mol/L até pH = 2,0. Com o sistema em agitação, utilizando uma bureta, adicionar solução de hidróxido de potássio 0,1 mol/L em volumes de 2 mL. A cada adição, anotar o pH da solução. Parar a adição quando o pH da solução estiver próximo a 13. **Anotar** os valores de pH na Tabela 1.3 a seguir.

Tabela 1.3   Volumes de KOH para titular solução de glicina 0,01 mol/L

Volume de KOH adicionado (mL)	pH	Volume de KOH adicionado (mL)	pH
0		22	
2		24	
4		26	
6		28	
8		30	

(continua)

Soluções-tampão

Tabela 1.3 Volumes de KOH para titular solução de glicina 0,01 mol/L *(continuação)*

Volume de KOH adicionado (mL)	pH	Volume de KOH adicionado (mL)	pH
10		32	
12		34	
14		36	
16		38	
18		40	
20		42	

1.5.2.1 Organizar e analisar os dados obtidos

Construir em papel milimetrado ou no programa Microsoft Excel a curva de pH (ordenada) em função do volume de solução de hidróxido de potássio adicionado (abscissa).

1.5.2.2 Questões para responder

1. Represente as estruturas da glicina e do cloridrato de glicina.

2. Como se comporta a glicina em meio básico, ácido e neutro? Quais as estruturas predominantes em cada caso?

3. Conceitue pK e pI de um aminoácido.

4. Utilizando a curva de titulação obtida a partir dos dados experimentais, determine o valor do pI da glicina.

5. A solução de glicina poderia ser usada como solução-tampão? E em pH fisiológico? Justifique a resposta.

6. Cite pelo menos duas informações importantes a respeito de um aminoácido, obtidas a partir de sua curva de titulação.

1.5.3 CURVA DE TITULAÇÃO DA GLICINA NA PRESENÇA DE FORMALDEÍDO

Transferir 50 mL de solução de glicina 0,01 mol/L para um béquer de 250 mL. A seguir, adicionar 10 mL de solução de **formaldeído** 0,06 mol/L. Com cuidado, inserir na solução o eletrodo de pH. Acidificar a solução pela adição de gotas de solução de ácido clorídrico 1 mol/L até pH = 2,0. Com o sistema em agitação, utilizar uma bureta para adicionar solução de hidróxido de potássio 0,1 mol/L em volumes de 2 mL. A cada adição, anotar o pH da solução. Parar a adição quando o pH da solução estiver próximo a 13. **Anotar** os valores de pH na Tabela 1.4 a seguir.

Tabela 1.4 Volumes de KOH para titular solução de glicina 0,01 mol/L em presença de formaldeído 0,06 mol/L

Volume de KOH adicionado (mL)	pH	Volume de KOH adicionado (mL)	pH
0		22	
2		24	
4		26	
6		28	
8		30	
10		32	
12		34	
14		36	
16		38	
18		40	
20		42	

1.5.3.1 Organizar e analisar os dados obtidos

Construir em papel milimetrado ou no programa Microsoft Excel a curva de pH (ordenada) em função do volume de solução de hidróxido de potássio adicionado (abscissa).

OBSERVAÇÃO

Recomenda-se que os alunos executem a titulação da glicina com e sem formaldeído, para sobrepor as curvas e avaliar o eventual efeito do formaldeído. ■

1.5.3.2 Questões para responder

1. Há diferença entre os perfis das curvas de titulação da glicina na presença ou não de formaldeído?

2. No caso dos perfis das curvas não coincidirem, qual dos dois pK do aminoácido foi mais afetado? Por quê?

Soluções-tampão

1.6 QUESTÕES DE REVISÃO E FIXAÇÃO

1. Calcule o pH de uma solução cuja concentração de íons hidrônio é $5,7 \cdot 10^{-9}$M.

2. Com base em que propriedade seria possível separar uma mistura de aminoácidos? Justifique a resposta.

3. Calcule o pH de uma solução de ácido acético 0,05M cujo grau de dissociação é de 2% nessa concentração.

4. Descreva a preparação de 25L de tampão fosfato de potássio 0,06M (pH = 7,35) usando os sais KH_2PO_4 e K_2HPO_4. Dados: massas atômicas: P = 31,0; H = 1,0; O = 16,0; K= 39,1; $pK_{a2} = 7,2$.

5. O pH de uma solução de NH_4OH 0,025M é 10,83. Calcule a K_{eq} dessa base.

6. Descreva a preparação de 10L de um tampão acetato 0,3M, pH 4,86, partindo de uma solução de ácido acético 2M e de uma solução de KOH 2,2M. O pK_a do ácido acético é 4,77.

7. Assinale a alternativa correta e justifique tanto a alternativa correta como as incorretas:

   ( ) O conceito de par conjugado ácido/base é consequência da teoria de Arrhenius.

   ( ) $pH = pK_a + \log \dfrac{(HA)}{(A^-)}$

   ( ) Tampão é uma solução formada por um par conjugado ácido/base e que resiste às mudanças de pH.

   ( ) O pK_a e o pH são parâmetros que não se correlacionam.

   ( ) $pH = \log (H_3O^+)$

8. Por que se pode ajustar o pH de uma solução-tampão por meio da adição controlada de HCl 1M ou NaOH 1M?

9. Calcule o pH de um tampão carbonato 0,002M contendo quantidades equimoleculares de HCO_3^- e CO_3^{-2}. Dados: $pK_{a2} = 10,2$, $\gamma_{HCO3^-} = 0,975$ e $\gamma_{CO3^{2-}} = 0,903$.

1.7 BIBLIOGRAFIA

ATKINS, P.; JONES, L. **Princípios de química:** questionando a vida moderna e o meio ambiente. 5. ed. Porto Alegre: Bookman, 2012.

CAMPBELL, M. K. **Bioquímica**. 3. ed. Porto Alegre: Artmed, 2000.

SEGEL, I. H. **Bioquímica:** teoria e problemas. Rio de Janeiro: LTC, 1979.

CAPÍTULO 2
OBTENÇÃO E
CARACTERIZAÇÃO DE ENZIMAS

2.1 OBJETIVO

Obter enzimas a partir de fontes comuns e caracterizá-las por meio da dosagem do teor de proteína presente no extrato, bem como pela determinação da atividade catalítica.

2.2 TEORIA

As enzimas são proteínas capazes de acelerar reações de importância biológica, sendo encontradas, sem exceção, em todos os seres vivos terrestres. No entanto, nem todas as fontes de enzima são de fácil manipulação, como as de origem animal, cujo órgão ou tecido que contém a enzima de interesse no interior das células requer condições especiais de conservação e manuseio. Algo semelhante ocorre quando a fonte é de origem microbiana (arqueas, bactérias, leveduras e fungos) e a enzima, intracelular, caso em que o rompimento das células é uma etapa obrigatória. A fonte vegetal, que só possui enzimas intracelulares, é de mais fácil manipulação, uma vez que a maceração de folhas e frutos é de simples execução, lembrando, por exemplo, a facilidade de se fazer sucos das mais variadas frutas, inclusive no ambiente doméstico. No caso dos micro-organismos, a maioria das enzimas é intracelular, mas há aquelas que são excretadas (enzimas extracelulares), bem como as que ficam retidas na parede celular (enzimas extracitoplasmáticas ou de parede), sendo notórias, por exemplo, a invertase e a lactase em leveduras.

As práticas sugeridas de manipulação baseiam-se na obtenção e caracterização da bromelina (EC.3.4.22.33), urease (EC.3.5.1.5) e invertase (EC.3.2.1.26), enzimas provenientes de abacaxi, soja e levedura de panificação (*Saccharomyces cerevisiae*), respectivamente.

O termo "bromelina" pode ser considerado um nome coletivo para enzimas proteolíticas – chamadas também **proteases**, ou seja, enzimas que catalisam, na presença da água, a ruptura das ligações pépticas de proteínas e peptídeos, encontradas em tecidos de talos, frutos e folhas de plantas da família Bromeliaceae, da qual o abacaxi (*Ananas comosus*) é o mais conhecido. A bromelina do talo (EC.3.4.22.33), a mais comum das bromelinas achadas no mercado, é usada no amaciamento de carnes, sobretudo por sua capacidade de atuar seletivamente sobre o colágeno e a elastina do tecido conectivo do músculo – usada em associação com a papaína, enzima extraída do látex do mamão, a qual age principalmente sobre a fibra muscular e a elastina –, na clarificação da cerveja, evitando sua turvação quando resfriada, no debridamento de queimaduras e em medicação, como auxiliar digestivo, acelerador da cicatrização, anti-inflamatório, vermífugo, entre outros. As bromelinas do talo e do fruto (EC.3.4.22.33) têm massas molares e pontos isoelétricos (pI) iguais a 24 kDa (pI = 9,5) e 28 kDa (pI = 4,6), respectivamente. Salienta-se que as bromelinas do talo e do fruto possuem, em seus sítios catalíticos, o aminoácido cisteína, cujo grupo sulfidril é fundamental para a hidrólise do substrato. As bromelinas, junto com a papaína e a ficina, são as principais representantes do grupo das proteases sulfidrílicas, diferindo daquelas no fato de serem glicoproteínas.

A urease (EC.3.5.1.5), obtida de leguminosas como a soja, é uma enzima que degrada especificamente a ureia segundo a reação:

$$CON_2H_4 + 3H_2O \rightarrow 2NH_4OH + CO_2$$

Possui massa molar da ordem de 490 kDa, apresentando estrutura quaternária formada por vários peptídeos de massa molar média de 30 kDa. Tem ainda em seu sítio ativo o aminoácido cisteína, que permite que seja incluída na categoria das enzimas sulfidrílicas. É fortemente inibida por metais pesados, sendo estabilizada por substâncias como β-mercaptoetanol, EDTA e ditiotreitol, tendo $pH_{ótimo}$ igual a 7,0 e pI valendo 5,0. Deve-se lembrar que essa enzima desempenhou papel relevante na história da enzimologia, uma vez que, sendo cristalizada por Sumner em 1926, permitiu que bioquímicos reconhecessem a natureza proteica das enzimas.

A urease é usada em todas as situações em que a determinação do teor de ureia é importante. Por isso, é muito usada em análises clínicas para a dosagem direta da ureia em fluidos biológicos (sangue, urina) e como enzima marcadora nos testes imunodiagnósticos. Na forma imobilizada é usada em eletrodos enzimáticos (biossensores de amplo uso em métodos analíticos automatizados para a dosagem da ureia) e em aparelhos de hemodiálise – nesse caso, em um dos componentes da unidade de filtração, denominada **reator com membranas de fibras ocas**.

Obtenção e caracterização de enzimas

A invertase (EC.3.2.1.26) é uma hidrolase amplamente encontrada na natureza, sendo a levedura *Saccharomyces cerevisiae* sua principal fonte. Ela hidrolisa a sacarose liberando a frutose e a glicose, cuja mistura equimolar constitui o chamado **açúcar invertido**. Na levedura, a invertase é encontrada parte dissolvida no citoplasma, parte inserida na parede da célula, tendo, portanto, posicionamento extracitoplasmático. É a fração da invertase presa na parede celular a responsável pela hidrólise da sacarose, açúcar não absorvido diretamente pela célula, ao contrário das hexoses resultantes de sua decomposição pela enzima. Em termos de hidrólise da sacarose, é a invertase extracitoplasmática que tem importância, haja vista que a fração achada no citoplasma representa apenas as moléculas de invertase em trânsito para inserção na parede celular.

A invertase foi obtida em 1860, a partir de extrato de levedura livre de células tratado com etanol. Por ter sido a segunda enzima a ser obtida, após a α-amilase (em 1833, a partir de extrato de trigo), tornou-se uma das enzimas mais bem estudadas e, em consequência, uma das mais usadas em pesquisa bioquímica – Michaelis e Menten estabeleceram um modelo matemático para avaliação da atividade enzimática – e em processos biocatalíticos.

A invertase tem massa molar de 270 kDa e seu $pH_{ótimo}$ é de 4,6. Merece destaque o fato de a invertase só atuar em açúcares, diferentes da sacarose, que possuem um resíduo β-D-fructofuranosil não substituído.

As enzimas citadas, uma vez obtidas de fontes comuns, são caracterizadas por meio da determinação do teor de proteína no extrato e de sua atividade catalítica. A determinação da atividade catalítica é apresentada diretamente ao se propor, a seguir, as práticas referentes às enzimas invertase, bromelina e urease. Isso se deve ao fato de cada enzima ter atividade catalítica particular.

A concentração de proteína em solução pode ser determinada por meio da espectrofotometria, usando diferentes métodos:

- Método do biureto: baseia-se na reação do íon Cu^{2+} com proteínas em meio alcalino, originando uma solução de cor azul, que é capaz de absorver luz a 540 nm. A sensibilidade desse método permite calcular o teor de proteína na faixa de 0,5 mg a 10 mg de proteína/mL.
- Método de Lowry: utiliza um reativo especial chamado reativo de Folin-Ciocalteu, encontrado no comércio a custo baixo, que mede concentrações de proteína entre 20 µg e 400 µg de proteína/mL.
- Método de Bradford: utiliza o corante Coomassie Brilliant Blue, amplamente disponível no mercado, que é dissolvido em etanol 95% contendo ácido fosfórico 85%. Na presença de proteína, a solução adquire coloração azul, e a absorbância é lida a 595 nm. Por esse método, determinam-se teores de proteína na faixa de 4 µg a 20 µg de proteína/mL.

Como se pode observar, os métodos de dosagem de proteínas usam reagentes químicos, que, ao interagir com elas, formam complexos coloridos, sendo a intensidade da cor diretamente proporcional à concentração da proteína. A intensidade da cor de uma solução é medida por meio da espectrofotometria, técnica pela qual a absorção ou transmissão da luz de dado comprimento de onda (λ), incidindo sobre a solução, é medida. O espectrofotômetro é o equipamento usado para medir a quantidade de luz absorvida pela solução.

A avaliação quantitativa da intensidade de luz monocromática – luz de comprimento de onda definido – absorvida pela solução é calculada pela equação proposta por Lambert e Beer, expressa como segue:

$$A = a \cdot l \cdot c \tag{2.1}$$

em que A é a absorbância [lida através do espectrofotômetro]; l significa o caminho óptico (espessura da cubeta em cm); c representa a concentração da substância; a é índice de absorbância.

É fundamental lembrar que o índice de absorbância (a) é um valor característico para cada substância em dado comprimento de onda e que a forma de expressá-lo depende das unidades nas quais a concentração da substância é expressa, a saber: se a concentração (c) da substância é expressa em molaridade (M), então o índice de absorbância é chamado de **coeficiente de absorção molar** ou **coeficiente de extinção molar**, sendo simbolizado por a_m ou E e suas unidades por $M^{-1} \cdot cm^{-1}$; se a concentração (c) da substância é expressa em g/L, o índice de absorbância é chamado de **coeficiente de absorção específica**, sendo simbolizado por a_s, porém, se a concentração (c) é expressa em % (p/V), é simbolizado por $a_{1\%}$ ou $E_{1\%}$.

O procedimento prático para determinação da concentração de proteína solúvel por meio da espectrofotometria consiste em lançar em uma curva-padrão de proteína (Figura 2.1) a absorbância lida para a amostra. Usa-se, comumente, como proteína-padrão a albumina bovina (fração V; Cohn), cuja solução tem concentração compatível com a faixa de leitura do método empregado (biureto, Lowry ou Bradford). No entanto, o mais comum é expressar a reta obtida por meio do gráfico na respectiva equação, lançando nela o valor da absorbância lida com o espectrofotômetro.

A dosagem da proteína insolúvel é feita pelo método de Kjehldal, o qual exige aparato especial – aparelho de Kjehldal, constituído basicamente de um digestor acoplado a um destilador –, geralmente disponível em laboratórios voltados para análise de alimentos. Entretanto, com o intuito de não restringir as possibilidades de organização de aulas práticas referentes à determinação da concentração de proteínas, independentemente de se encontrarem na forma solúvel ou insolúvel, descrevemos esse método mais adiante (seção 2.4.2).

Obtenção e caracterização de enzimas 31

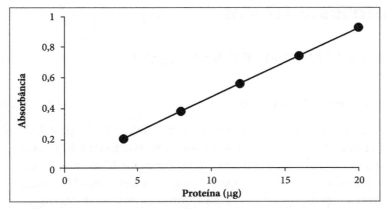

Figura 2.1 Exemplo de curva de calibração obtida por meio do método de Bradford, usando solução de albumina bovina (40 μg/mL). A equação da reta apresentada é **Y = 0,0443 · x + 0,017 (r = 0,998)**, sendo Y = absorbância e x = quantidade de proteína (μg).

2.3 REAGENTES E EQUIPAMENTOS

2.3.1 REAGENTES

Reativo de biureto, reativo de Folin-Ciocalteau, reativo de Bradford, soluções de albumina 0,04 mg/mL e 10 mg/mL, tampão fosfato 0,2 M [pH 7,0 e 7,2], tampão acetato 0,05 M [pH 4,6]. Enzimas padrões (bromelina, urease e invertase) de fornecedores tradicionais (SIGMA®, ALDRICH®, FLUKA®, BIOCON®, entre outros). Solução de ureia 0,5 M em tampão fosfato 0,2 M (pH 7,0), ácido nítrico concentrado, indicador vermelho de fenol, soluções de ureia a 1% e de tioureia a 1%.

2.3.2 EQUIPAMENTOS

Liquidificador, balança analítica, espectrofotômetro, medidor de pH, agitador magnético, banho-maria, agitador rotatório (*shaker*), agitador de tubos (*vortex*), estufa, bomba de vácuo e centrifuga.

> **OBSERVAÇÃO**
>
> O número de peças de vidraria e materiais acessórios, quantidade de reagentes e de equipamentos básicos (banho-maria, agitadores de tubos, medidores de pH etc.) necessários dependem do número de alunos relacionados para prática laboratorial.

2.4 MÉTODOS ANALÍTICOS

2.4.1 DOSAGEM DE PROTEÍNA SOLÚVEL

2.4.1.1 Método do biureto

Este método consiste em misturar uma alíquota da solução proteica com 8 mL do reativo de biureto, completando, a seguir, o volume reacional a 10 mL com água destilada. Homogeneizar e deixar a mistura em repouso por 15 minutos. Ler a intensidade da cor desenvolvida a 540 nm. Comparar o valor da absorbância medida no espectrofotômetro com a curva-padrão feita com albumina bovina (10 mg/mL).

O reativo de biureto é preparado da seguinte forma: dissolver 1,5 g de sulfato de cobre ($CuSO_4 \cdot 5H_2O$) e 6,0 g de tartarato duplo de sódio e potássio ($KNaC_4H_4O_6 \cdot 4H_2O$) em 500 mL de água destilada. Adicionar, sob agitação constante, 300 mL de solução de NaOH 10%. Adicionar 1 g de iodeto de potássio (KI). Completar o volume para 1 L com água destilada e guardar o reagente em frasco âmbar.

2.4.1.2 Método de Lowry

O método consiste em misturar uma alíquota da solução proteica com 5 mL da mistura reativa de Lowry. Homogeneizar e deixar em repouso por 10 minutos. A seguir, adicionar 0,5 mL do reativo de Folin-Ciocalteau diluído (misturar 1 mL do reativo concentrado, conforme adquirido do fabricante, com 2 mL de água destilada), homogeneizar e deixar a mistura em repouso por 30 minutos. Ler a intensidade da cor desenvolvida a 660 nm. Comparar o valor da absorbância medida no espectrofotômetro com a curva-padrão feita com albumina bovina (0,4 mg/mL).

A mistura reativa de Lowry resulta da combinação de 100 mL da solução alcalina (composta de 20 g de carbonato de sódio anidro e 4 g de hidróxido de sódio dissolvidos em 1 L de água destilada) com 1 mL da solução cúprica (2 g de sulfato cúprico anidro em 100 mL de água destilada) e 1 mL da solução tartárica (4 g de tartarato duplo de sódio e potássio em 100 mL de água destilada). As soluções alcalina, cúprica e tartárica devem ser acondicionadas em frascos âmbar, enquanto a mistura reativa deve ser preparada no momento do uso.

2.4.1.3 Método de Bradford

Consiste em misturar uma alíquota da solução proteica com 8 mL do reagente de Bradford diluído, usando água destilada para completar o volume de 10 mL. Homogeneizar e deixar em repouso por 15 minutos. A seguir, ler a intensidade da cor desenvolvida a 595 nm. Comparar o valor da absorbância medida no espectrofotômetro com a curva-padrão feita com albumina bovina (0,04 mg/mL).

Obtenção e caracterização de enzimas   33

O reativo de Bradford é preparado da seguinte forma: dissolver 100 mg do corante Coomassie Brilliant Blue G-250 em 50 mL de etanol 95% e, em seguida, adicionar 100 mL de ácido fosfórico 85%. Completar o volume para 1 L com água destilada. Filtrar a solução obtida e, a seguir, mantê-la em geladeira. Antes do uso, diluir essa solução três vezes (misturar um volume da solução com dois volumes de água destilada).

2.4.2 DOSAGEM DE PROTEÍNA INSOLÚVEL (MÉTODO DE KJEHLDAL)

Pesar 0,5 g de amostra (soja em pó, farinha ou farelo, por exemplo) em balão apropriado (balão de fundo oblongo tipo Kjehldal), ao qual são adicionados 0,5 g de sulfato cúprico anidro e 20 mL de ácido sulfúrico concentrado. Mineralizar usando o aparelho de Kjehldal. Após algumas horas de digestão a solução dentro do balão adquire tom azul-claro. (Para saber se a digestão da amostra foi completa, adicionar à mistura uma pitada de permanganato de potássio, se não descolorir a mineralização é considerada completa.) A seguir, alcalinizar com soda 50% e submeter a mistura a destilação no destilador de Kjehldal, recolhendo a amônia desprendida em erlenmeyer com volume conhecido de HCl 0,1 M (fatorado). Após o desprendimento total da amônia (20 a 30 minutos), titula-se o HCl em excesso.

Partindo do fato de que 1 mL de HCl 0,1 M reage com 0,0014 g de nitrogênio, a quantidade total de proteína insolúvel (QTPI) na amostra é calculada pela equação:

$$QTPI = V_{HCl} \cdot 0,0014 \cdot 6,25 \qquad\qquad (2.2)$$

2.4.3 MEDIDA DA ATIVIDADE ENZIMÁTICA

2.4.3.1 Atividade da bromelina

A atividade da bromelina, tanto a de grau analítico como a extraída do abacaxi, pode ser medida pelo método espectrofotométrico e pelo método da medida do diâmetro do halo de hidrólise proteica em placa de petri.

A espectrometria é um método mais preciso, haja vista que os derivados da reação são medidos em comprimentos de onda específicos na faixa do espectro visível e do ultravioleta. Quando o substrato for uma proteína – por exemplo, a caseína –, o resultado da hidrólise é o acúmulo de tirosina no meio que absorve na faixa ultravioleta do espectro (λ = 280 nm). Porém, se o substrato for um éster ou amida de p-nitrofenol sintético – por exemplo, a Nα-CBZ-L-lisina-p-nitrofenil éster –, um dos produtos da hidrólise é o p-nitrofenol, composto que confere ao meio a cor amarela, cuja absorção se dá na faixa visível do espectro (λ = 580 nm).

O método da medida do diâmetro do halo em placa, embora menos preciso e mais demorado, tem a vantagem de requerer apenas uma estufa comum do tipo para microbiologia (alcança temperatura não superior a 60 ± 0,1 °C). O resultado da reação pode ser visualizado diretamente pelo aluno.

Nesta seção, escolheu-se a caseína como substrato para a hidrólise catalisada pela bromelina porque essa proteína pode ser usada em ambos os métodos e, por isso, dá ao professor, se dispuser de um laboratório medianamente aparelhado, a possibilidade de programar a prática comparando ambos os métodos.

2.4.3.1.1 Método espectrofotométrico

Em um tubo colocar 1 mL da solução amostra contendo bromelina e 8 mL de solução de caseína dissolvida em tampão fosfato 0,2 M pH 7,5. Misturar e deixar o tubo em banho-maria a 37 °C por 10 minutos. A seguir, adicionar 1 mL de solução de ácido tricloroacético (0,1 M ou 10%), centrifugar (3.000 xg) e recolher o sobrenadante. Colocar 1 mL do sobrenadante na cubeta de 1 cm de caminho óptico e ler a absorbância da solução a 280 nm. A absorbância lida é convertida em mg de tirosina por meio de uma curva-padrão feita com solução de tirosina 1 mM.

Uma unidade de atividade bromelínica é definida como a quantidade de tirosina formada, expressa em miligramas, por minuto e por mL de amostra nas condições padrões de ensaio (pH 7,5 e 37 °C).

OBSERVAÇÃO

Para obter tampão fosfato 0,2 M (pH 7,5), dissolver 27,8 g de fosfato de sódio monobásico em 1 L de água destilada (solução A); dissolver 53,65 g de fosfato de sódio dibásico hepta-hidratado (ou 71,7 g de fosfato de sódio dibásico dodeca-hidratado) em 1 L de água destilada (solução B); misturar 16,0 mL da solução A com 84,0 mL da solução B. Verificar o pH da solução, ajustando-o ao valor de 7,5, se necessário, pela adição de gotas de HCl ou NaOH 1 M. A seguir, completar o volume a 200 mL com água destilada.

2.4.3.1.2 Método do halo em placas de petri

Primeiramente, preparar o número de placas de petri (20 × 160 mm) necessário para a aula prática, contendo cada uma 50 mL do seguinte meio: 10 g de caseína e 25 g de ágar-ágar dissolvidos em 1.000 mL de tampão fosfato 0,2 M (pH 7,5). O preparo do meio consiste em dissolver a caseína em 300 mL de tampão fosfato 0,2 M (pH 7,5) e o ágar nos restantes 700 mL. Ambas as dissoluções são feitas a quente, sendo

Obtenção e caracterização de enzimas

a da caseína feita a 50 °C - 55 °C e a de ágar feita a 65 °C - 70 °C. Depois, as duas soluções são misturadas e homogeneizadas.

Verter porções de 50 mL em placas de petri dispostas sobre superfície plana, deixando o meio solidificar lentamente à temperatura ambiente. A seguir, perfurar o ágar em nove pontos (dispostos em três fileiras paralelas com três furos cada) com perfurador de 5 mm de diâmetro. Em uma placa de petri contendo nove poços, colocar na primeira carreira 50 μL da amostra de bromelina, na segunda, 25 μL da solução de bromelina e 25 μL de tampão fosfato 0,2 M (pH 7,5) e, na última, 10 μL da solução de bromelina e 40 μL de tampão fosfato 0,2 M (pH 7,5). Movimentar suavemente a placa sobre a superfície da bancada para homogeneizar os conteúdos dos poços. Em seguida, colocar a placa na estufa a 37 °C por 10 horas.

Medir os diâmetros dos halos formados com uma régua de boa qualidade. A média aritmética dos diâmetros dos halos de cada uma das carreiras corresponde à atividade da solução amostra de bromelina sem diluição e da solução diluída duas e cinco vezes, respectivamente. A média dos diâmetros dos halos obtidos em cada carreira de três poços é comparada a uma curva-padrão, a qual correlaciona a atividade da bromelina-padrão com o diâmetro do halo. Nesse caso, a atividade bromelínica corresponde ao diâmetro formado, expresso em mm, por hora e por volume da solução no poço (μL).

2.4.3.2 Atividade da urease

A atividade ureásica é, geralmente, feita medindo a quantidade de amônia formada pela ação da urease – quer adquirida no mercado (grau analítico ou industrial), quer extraída no laboratório a partir de soja integral, farinha e/ou farelo – sobre a ureia, utilizando o reativo de Nessler (facilmente adquirido no mercado). É um método espectrofotométrico, cuja cor da solução obtida absorve a 505 nm.

Em um tubo colocar 1,0 mL da solução amostra contendo urease e 5,0 mL de solução tamponada de ureia 0,5 M (solução-tampão fosfato 0,2 M, pH 7,0). Misturar e deixar o tubo em banho-maria a 37 °C por 5 minutos. A seguir, adicionar 5 mL de solução de ácido tricloroacético (10%). Filtrar. Diluir 1,0 mL do filtrado para 100 mL com água destilada. Depois, tomar 2,0 mL da diluição e misturar com 1,0 mL de reativo de Nessler e 7,0 mL de água destilada. Homogeneizar e deixar em repouso por 15 minutos. Ler a absorbância da solução a 505 nm. A absorbância lida é convertida em mg de amônia por meio de uma curva-padrão feita com solução de sulfato de amônio 0,5 mM.

Caso se queira dosar a atividade ureásica presente na farinha e/ou no farelo de soja, proceder: misturar em um béquer 0,3 g de amostra com 10 mL de tampão fosfato 0,2 M (pH 7,0); agitar a suspensão (200 rpm) por 10 minutos a 37 °C; adicionar 10 mL da solução tamponada de ureia 0,5 M, deixando reagir por 5 minutos. A reação é interrompida pela adição de 5,0 mL de TCA (10%). Filtrar e, a seguir, proceder como descrito anteriormente.

Uma unidade de atividade ureásica é definida como a quantidade de amônia formada, expressa em miligramas, por minuto e por mL de amostra, nas condições padrões de ensaio (pH 7,0 e 37 °C). Uma maneira simples de verificar a ação da urease sobre a ureia é por meio da detecção da amônia formada usando ácido nítrico concentrado (forma-se na solução um halo acastanhado característico) ou indicador vermelho de fenol.

> **OBSERVAÇÃO**
>
> Para obter tampão fosfato 0,2 M (pH 7,0), dissolver 27,8 g de fosfato de sódio monobásico em 1 L de água destilada (**solução A**); dissolver 53,65 g de fosfato de sódio dibásico hepta-hidratado (ou 71,7 g de fosfato de sódio dibásico dodeca-hidratado) em 1 L de água destilada (**solução B**); misturar 39,0 mL da solução A com 61,0 mL da solução B; verificar o pH da solução, ajustando-o ao valor de 7,0, se necessário, pela adição de gotas de HCl ou NaOH 1 M. A seguir, completar o volume a 200 mL com água destilada.

2.4.3.3 Atividade da invertase

A atividade invertásica é, geralmente, feita medindo a quantidade de açúcares redutores (AR) formados pela ação da invertase – quer adquirida no mercado (grau analítico ou industrial), quer extraída no laboratório a partir da levedura de panificação – sobre a sacarose, utilizando o reativo do ácido 3,5-dinitrossalicílico (DNS). É um método espectrofotométrico, cuja cor da solução obtida absorve a 540 nm. O reativo DNS é preparado conforme descrito na página 139 (Item 6.4).

Em um tubo, colocar 1,0 mL da solução amostra contendo invertase e 1,0 mL de solução tamponada de sacarose 0,3 M (tampão acetato 0,05 M, pH 4,6). Misturar e deixar o tubo em banho-maria a 37 °C por 10 minutos. A seguir, adicionar 1,0 mL de solução de ácido 3,5-dinitrossalicílico, mergulhando o tubo em banho fervente por 5 minutos. Resfriar e completar o volume a 10 mL com água destilada. Homogeneizar e ler a cor da solução em espectrofotômetro (λ = 540 nm). A absorbância lida é convertida em mg de glicose por meio de uma curva-padrão feita com solução 0,2 mg/mL de glicose PA.

Uma unidade de atividade invertásica é definida como a quantidade de AR formada, expressa em miligramas de glicose, por minuto e por mL de amostra, nas condições padrões de ensaio (pH 4,6 e 37 °C).

Obtenção e caracterização de enzimas

OBSERVAÇÃO

Para obter solução-tampão acetato 0,05 M (pH 4,6), misturar 25 mL de solução de ácido acético (2,9 mL de ácido acético glacial dissolvidos em 1 L de água destilada) com 25 mL de solução de acetato de sódio (4,1 g de acetato de sódio anidro em 1 L de água destilada). Verificar o pH da solução final. Caso necessário, ajustá-lo a 4,6 pela adição de algumas gotas de HCl ou NaOH 1 M. A seguir, completar o volume a 100 mL pela adição de água destilada.

■

2.5 PRÁTICAS

2.5.1 ESTABELECIMENTO DA CURVA-PADRÃO PARA DOSAGEM DE PROTEÍNA SOLÚVEL (MÉTODO DO BIURETO)

Dissolver a albumina bovina em água destilada, perfazendo a concentração de 10 mg de proteína/mL. Depois, montar o aparato experimental como sugerido na Tabela 2.1 a seguir.

Tabela 2.1 Quantidades necessárias de cada componente para estabelecimento da curva-padrão de proteína, usando o reativo do biureto

Tubo* (número)	Solução de albumina (mL)	H_2O (mL)	Reativo de biureto** (mL)	Quantidade de proteína (mg)	Absorbância (540 nm)
1/1'	0,4	1,6	8,0	4	
2/2'	0,8	1,2	8,0		
3/3'	1,2	0,8	8,0		
4/4'	1,6	0,4	8,0		
5/5'	2,0	-----	8,0		
Branco	-----	2,0	8,0	----------	----------

* Fazer cada determinação em duplicata.

** Após a adição do reagente e a homogeneização da solução, deixar os tubos em repouso por 15 minutos antes de proceder à leitura no espectrofotômetro.

2.5.1.1 Organizar e analisar os dados obtidos

Completar a coluna de absorbâncias da Tabela 2.1 com a média das duas leituras feitas no espectrofotômetro. Preencher a coluna "quantidade de proteína (mg)", conforme indicado para os tubos 1/1'. Fazer o gráfico da absorbância *versus* quantidade de proteína (mg). Determinar a equação da reta correspondente por meio do método dos mínimos quadrados. O programa Excel pode ser usado para essa finalidade.

2.5.1.2 Questões para responder

1. Explique o fundamento envolvido na dosagem de proteínas empregando-se o reativo do biureto.

2. Qual a faixa de concentração de proteína solúvel que pode ser quantificada pelo método do biureto?

3. Tomou-se 0,5 mL de uma solução de proteína e misturou-se com 1,5 mL de água destilada. A 1,0 mL dessa solução diluída foram adicionados 8 mL de reagente de biureto e 1,0 mL de água, deixando, após homogeneização, 15 minutos em repouso em temperatura ambiente. A cor desenvolvida foi lida em espectrofotômetro ($\lambda = 540$ nm), obtendo-se uma absorbância de 0,20. Em paralelo, tomou-se 0,5 mL de uma solução de proteína-padrão (albumina bovina fração V) de concentração 10 mg de proteína/mL, à qual se adicionou 1,5 mL de água e 8 mL de reagente de biureto. Após homogeneização, a mistura foi deixada em repouso à temperatura ambiente por 15 minutos. A leitura da cor desenvolvida foi feita em espectrofotômetro, obtendo-se a absorbância de 0,16. Calcule a concentração de proteína na solução desconhecida não diluída. Em ambos os casos, foi usada cubeta de 1 cm de caminho óptico.

Resposta: 25 mg/mL.

2.5.2 ESTABELECIMENTO DA CURVA-PADRÃO PARA A DOSAGEM DE PROTEÍNA SOLÚVEL (MÉTODO DE BRADFORD)

Dissolver a albumina bovina em água destilada, perfazendo a concentração de 10 mg de proteína/mL. Depois, montar o aparato experimental como sugerido na Tabela 2.2 a seguir.

Obtenção e caracterização de enzimas

Tabela 2.2 Quantidades necessárias de cada componente para estabelecimento da curva-padrão de proteína, usando o reativo de Bradford

Tubo* (número)	Solução de albumina (mL)	H_2O (mL)	Reativo de Bradford** (mL)	Quantidade de proteína (mg)	ABS (595 nm)
1/1'	0,4	1,6	8,0		
2/2'	0,8	1,2	8,0	8	
3/3'	1,2	0,8	8,0		
4/4'	1,6	0,4	8,0		
5/5'	2,0	-----	8,0		
Branco	-----	2,0	8,0	----------	----------

* Fazer cada determinação em duplicata.
** Após a adição do reagente e homogeneização da solução, deixar os tubos em repouso por 15 minutos antes de proceder à leitura no espectrofotômetro.

2.5.2.1 Organizar e analisar os dados obtidos

Completar a coluna de absorbâncias da Tabela 2.2 com a média das duas leituras feitas no espectrofotômetro. Completar a coluna "quantidade de proteína (mg)", conforme indicado para os tubos 2/2'. Fazer o gráfico da absorbância *versus* quantidade de proteína (mg). Determinar a equação da reta correspondente por meio do método dos mínimos quadrados. O programa Excel pode ser usado para esta finalidade.

2.5.2.2 Questões para responder

1. Explique o fundamento envolvido na dosagem de proteínas empregando-se o reativo de Bradford.

2. Qual a faixa de concentração de proteína solúvel, que pode ser quantificada por meio do método de Bradford?

3. Tomou-se 0,1 mL de uma solução de proteína e misturou-se com 1,9 mL de água destilada. A 1,0 mL dessa solução diluída foram adicionados 8 mL do reagente de Bradford e 1,0 mL de água, deixando, após homogeneização, 15 minutos em repouso em temperatura ambiente. A cor desenvolvida foi lida em espectrofotômetro (λ = 595 nm), obtendo-se uma absorbância de 0,12. Em paralelo, tomou-se 0,4 mL de uma solução de proteína-padrão (albumina bovina fração V) de concentração 10 mg de proteína/ml, à qual se adicionou 1,6 mL de água e 8 mL do reagente de Bradford. Após homogeneização, a mistura foi deixada em repouso em temperatura ambiente por 15 minutos. A leitura da cor desenvolvida foi feita em espectrofotômetro, obtendo-se a absorbância de 0,22.

40   *Guia para aulas práticas de biotecnologia de enzimas e fermentação*

Calcule a concentração de proteína na solução desconhecida não diluída. Em ambos os casos, foi usada cubeta de 1 cm de caminho óptico.

Resposta: 43,64 mg/mL.

2.5.3 ESTABELECIMENTO DA CURVA-PADRÃO PARA DOSAGEM DE PROTEÍNA SOLÚVEL (MÉTODO DE LOWRY)

Dissolver a albumina bovina em água destilada, perfazendo a concentração de 0,4 mg de proteína/mL. Depois, montar o aparato experimental como sugerido na Tabela 2.3 a seguir.

Tabela 2.3 Quantidades necessárias de componentes para estabelecimento da curva-padrão de proteína, usando o reativo de Lowry

Tubo* (número)	Solução de albumina (mL)	H_2O (mL)	Mistura reativa** (mL)	Reativo de Folin-Ciocalteau*** (mL)	Quantidade de proteína (mg)	Absorbância (660 nm)
1/1′	0,1	0,4	5,0	0,5		
2/2′	0,2	0,3	5,0	0,5		
3/3′	0,3	0,2	5,0	0,5	**0,12**	
4/4′	0,4	0,1	5,0	0,5		
5/5′	0,5	-----	5,0	0,5		
Branco	-----	0,5	5,0	0,5	----------	----------

*   Fazer cada determinação em duplicata.
**   Após a adição da mistura reativa e homogeneização da solução, deixar os tubos em repouso por 10 minutos.
*** Após decorridos os 10 minutos da adição da mistura reativa, adicionar o reativo de Folin-Ciocalteau. Homogeneizar e deixar a mistura em repouso por 30 minutos antes de proceder à leitura no espectrofotômetro.

2.5.3.1 Organizar e analisar os dados obtidos

Completar a coluna de absorbâncias da Tabela 2.3 com a média das duas leituras feitas no espectrofotômetro. Completar a coluna "quantidade de proteína (mg)", conforme indicado para os tubos 3/3′. Fazer o gráfico da absorbância *versus* quantidade de proteína (mg). Determinar a equação da reta correspondente por meio do método dos mínimos quadrados. O programa Excel pode ser usado para esta finalidade.

2.5.3.2 Questões para responder

1. Explique o fundamento envolvido na dosagem de proteínas empregando-se o reativo de Folin-Ciocalteau.

Obtenção e caracterização de enzimas   **41**

2. Qual a faixa de concentração de proteína solúvel, que pode ser quantificada por meio do método de Lowry?

3. Seja a equação linear dada – y = 0,002175 · x - 0,002 (r = 0,9994) – representativa da curva-padrão de dosagem de proteína pelo método de Lowry, em que *y* e *x* correspondem, respectivamente, a absorbância lida no espectrofotômetro e quantidade de proteína expressa em microgramas (µg), determine o teor de proteína de uma amostra, cuja absorbância a 660 nm foi 0,265.

Resposta: 122,8 µg.

2.5.4 ESTABELECIMENTO DA CURVA-PADRÃO DE TIROSINA PARA A DOSAGEM DA ATIVIDADE BROMELÍNICA

Preparar solução-padrão de tirosina 1 mM (dissolver 181,2 mg de tirosina em 1 L de água destilada). Depois, montar o aparato experimental como sugerido na Tabela 2.4 a seguir.

Tabela 2.4 Quantidades necessárias de componentes para estabelecimento da curva-padrão de tirosina

Tubo* (número)	Solução de tirosina 1 mM (mL)	Tampão** (mL)	Absorbância (280 nm)	Tirosina (µg)
1/1'	0,1	0,9		
2/2'	0,2	0,8		
3/3'	0,3	0,7		54,4
4/4'	0,4	0,6		
5/5'	0,5	0,5		
6/6'	0,6	0,4		
7/7'	0,7	0,3		
8/8'	0,8	0,2		
9/9'	0,9	0,1		163,1
10/10'	1,0	-		
Branco***	-	1,0	-	-

*   Fazer cada determinação em duplicata; misturar as soluções de tirosina e de tampão diretamente na cubeta (caminho óptico = 1 cm) do espectrofotômetro.
**   Tampão fosfato 0,2 M pH 7,5.
*** Ajustar o "zero" do espectrofotômetro.

2.5.4.1 Organizar e analisar os dados obtidos

Completar a coluna de absorbâncias da Tabela 2.4 com a média das duas leituras feitas no espectrofotômetro. Completar a coluna "quantidade de tirosina (μg)", conforme indicado para os tubos 3/3' e 9/9'. Fazer o gráfico da absorbância *versus* quantidade de tirosina (μg). Determinar a equação da reta correspondente por meio do método dos mínimos quadrados. O programa Excel pode ser usado para esta finalidade.

2.5.4.2 Questões para responder

1. Seria possível trocar a caseína por outra proteína para determinar a atividade da bromelina? Cite um exemplo.

2. Proteínas com estrutura primária desprovida ou muito pobres em aminoácidos com núcleos aromáticos poderiam substituir a caseína como substrato para medir a atividade bromelínica por meio da dosagem do teor de tirosina a 280 nm?

3. Qual o coeficiente de extinção molar (a_m) da tirosina? Seria possível calculá-lo a partir do gráfico ABS = f {concentração de tirosina}?

2.5.5 ESTABELECIMENTO DA CURVA-PADRÃO PARA MEDIDA DO HALO DE INIBIÇÃO RELACIONADO À ATIVIDADE BROMELÍNICA EM MEIO SÓLIDO (PLACA DE PETRI)

Preparar solução de bromelina-padrão SIGMA® (100 U/mL) dissolvendo a enzima em tampão fosfato 0,2 M pH 7,5. O valor da unidade de atividade proteolítica total da bromelina-padrão é fornecido pelo fabricante. Dosar o teor de proteína solúvel dessa solução.

A curva-padrão do método consiste em tomar três placas de petri com meio sólido e colocar em cada perfuração um volume conhecido (50 μL) de uma mistura de tampão fosfato 0,2 M (pH 7,5) e solução de bromelina-padrão, sendo a placa de petri deixada incubando em estufa a 35 ºC por 10 horas. Findo o período de incubação, medir com uma régua de boa qualidade os diâmetros dos halos formados em torno de cada perfuração. A curva-padrão é obtida montando o esquema da Tabela 2.5 a seguir:

Obtenção e caracterização de enzimas
43

Tabela 2.5 Esquema para o estabelecimento da curva-padrão (diâmetro médio do halo *versus* atividade da bromelina) para a dosagem da atividade bromelínica em meio sólido (placas de petri)

Poço (número)	Bromelina (μL)	Tampão (μL)	Diâmetros (halo) (mm)	Diâmetro médio (halo) (mm)	Proteína (μg)
1/1'/1"	50	-			
2/2'/2"	40	10			
3/3'/3"	30	20			
4/4'/4"	20	30			
5/5'/5"	10	40			
6/6'/6"	5	45			
7/7'/7"	3	47			
8/8'/8"	1	49			
9/9'/9"	-	50			

2.5.5.1 Organizar e analisar os dados obtidos

Completar as colunas referentes às três medidas de diâmetros, ao diâmetro médio e ao teor de proteína enzimática introduzida nos poços. Fazer o gráfico do diâmetro médio dos halos (mm) *versus* atividade da bromelina (U). Determinar a equação da reta correspondente por meio do método dos mínimos quadrados. O programa Excel pode ser usado para esta finalidade.

2.5.5.2 Questões para responder

1. Seria possível substituir a caseína do meio sólido por outra proteína? Cite um exemplo.

2. A proteína escolhida para substituir a caseína deve ter em sua estrutura primária alta percentagem de tirosina e/ou de qualquer outro aminoácido em particular? Justifique a resposta.

3. Seria possível substituir o meio sólido proposto por um preparado de gelatina comercial, daquele comumente degustado após as refeições? Justifique a resposta.

4. As placas de petri deixadas na estufa por 10 horas devem ser tampadas ou não? Justifique a resposta.

2.5.6 OBTENÇÃO DA BROMELINA (A PARTIR DA POLPA E/OU CASCA DO ABACAXI)

Lavar e remover a coroa do abacaxi. Sobre uma tábua de cortar alimentos, separar a casca da polpa do fruto. Transferir 75 g da parte desejada para um copo de liquidificador e acrescentar 100 mL de solução-tampão fosfato 0,2 M (pH 7,5). Triturar a mistura em velocidade máxima por 5 minutos. Filtrar a suspensão através de seis camadas de gaze. Tomar 10 mL do filtrado e centrifugar a 3.000 xg por 5 minutos.

Depois, tomar uma alíquota de até 1 mL do sobrenadante, misturar com a solução reagente do método de dosagem de proteína selecionado (biureto, Lowry ou Bradford), conforme descrito nas seções 2.5.1, 2.5.2 e 2.5.3. Homogeneizar e deixar em repouso por determinado tempo. A seguir, ler a intensidade de cor formada em espectrofotômetro, selecionando o comprimento de onda da luz monocromática (λ) adequado ao método empregado: biureto (540 nm), Lowry (660 nm) ou Bradford (595 nm). A absorbância lida é comparada com a respectiva curva-padrão do método usado, resultando o teor de proteína presente na amostra.

A atividade proteolítica do sobrenadante pode ser determinada pelo método em placa de petri (tomar alíquota de 50 µL do sobrenadante) e pelo método espectrofotométrico (tomar alíquota de 1 mL do sobrenadante), conforme descrito nas seções 2.4.3.1.2 e 2.4.3.1.1, respectivamente.

2.5.6.1 Organizar e analisar os dados obtidos

Correlacionar o diâmetro do halo obtido (caso do método em placas) ou o valor da absorbância lida a 280 nm (caso do método em meio líquido, resultando na medida da quantidade de tirosina formada) com as curvas-padrão obtidas conforme descrito nas seções 2.5.5 e 2.5.4, respectivamente. Expressar a atividade bromelínica como diâmetro do halo (mm)/h.µL de sobrenadante, se foi escolhido o método das placas, ou mg de tirosina/min.mL de sobrenadante, se foi usado o método espectrofotométrico. Com a medida do teor de proteína em 1 mL do sobrenadante, pode-se expressar ambas as atividades da bromelina em termos de atividades específicas.

2.5.6.2 Questões para responder

1. Alguns estudantes resolveram determinar a atividade bromelínica presente no suco de abacaxi. Cite dois cuidados que deveriam tomar durante a realização dos experimentos, justificando-os.

2. Realizou-se a dosagem da proteína solúvel total em uma amostra de suco de abacaxi, empregando-se o método do biureto. Após leitura em espectrofotômetro (λ = 540 nm), encontrou-se a absorbância de 1,345. Após diluição do suco com água destilada (1:3), foi realizada nova leitura espectrofotométrica,

Obtenção e caracterização de enzimas

encontrando-se a absorbância de 0,412. Empregando a equação da reta da curva de calibração ($Y = 0,2285X + 0,0044$; $r = 0,997$; $X = $ mg de proteína), determine a concentração total de proteína solúvel na amostra inicial.

Resposta: 7,14 mg de proteína/mL.

3. Com relação ao exercício anterior, explique a necessidade de diluição da amostra e a realização de nova leitura.

4. Que outros métodos espectrofotométricos poderiam ser empregados na dosagem da proteína solúvel total em suco de abacaxi?

5. Na determinação da proteína solúvel total presente no suco de abacaxi, encontrou-se absorbância de 0,455 quando empregado o reativo de biureto e de 0,634 quando empregado o reativo de Bradford. Justifique a diferença obtida nos resultados.

6. Durante a realização de um churrasco acadêmico, um dos estudantes sugeriu que se adicionasse pequena quantidade de suco de abacaxi à carne antes de ser assada. Qual é o propósito da sugestão?

2.5.7 ESTABELECIMENTO DA CURVA-PADRÃO DE AMÔNIA PARA DOSAGEM DA ATIVIDADE UREÁSICA

Preparar solução-tampão fosfato 0,2 M (pH 7,0), solução de sulfato de amônio (SA) em água destilada 0,5 mM e solução de ureia 0,5 M em tampão fosfato 0,2 M (pH 7,0) (TFU). Estabelecer a curva-padrão para determinar amônia, conforme indicado na Tabela 2.6 a seguir.

Tabela 2.6 Esquema para estabelecimento da curva-padrão para a dosagem da amônia

Tubo (número)	SA (mL)	TFU (mL)	NESSLER (mL)	Água (mL)	ABS_1/ABS_2 (DO)	$ABS_{média}$ (DO)	Amônia (µg)
B	-	1,0	1,0	8,0			
1/1'	1,0	1,0	1,0	7,0			
2/2'	2,0	1,0	1,0	6,0			36
3/3'	3,0	1,0	1,0	5,0			
4/4'	4,0	1,0	1,0	4,0			
5/5'	5,0	1,0	1,0	3,0			

2.5.7.1 Organizar e analisar os dados obtidos

Completar a coluna de absorbâncias da Tabela 2.6 com a média das duas leituras feitas no espectrofotômetro ($\lambda = 505$ nm). Completar a coluna "amônia (µg)", conforme

46   *Guia para aulas práticas de biotecnologia de enzimas e fermentação*

indicado para os tubos 2/2'. Fazer o gráfico da absorbância *versus* amônia (μg). Determinar a equação da reta correspondente por meio do método dos mínimos quadrados. O programa Excel pode ser usado para esta finalidade.

2.5.7.2 Questões para responder

1. Seria possível trocar $(NH_4)_2SO_4$ por $Ba(NO_3)_2$ para estabelecer a curva-padrão referente à amônia? Sem levar em consideração a resposta, qual é a concentração de $Ba(NO_3)_2$ contendo o mesmo teor em nitrogênio que uma solução de $(NH_4)_2SO_4$ 0,5 mM?

   Resposta: 0,5 mM.

2. Em relação à questão anterior, o $(NH_4)_2SO_4$ poderia ser substituído por:

   ( ) ureia.

   ( ) glicina.

   ( ) $(NH_4)_3PO_4$.

   ( ) $NaNO_3$.

   ( ) $Ba(NO_2)_2$.

3. Por que no "tubo B" adiciona-se ureia (TFU) e não SA?

4. Qual é a composição do reativo de Nessler?

2.5.8 OBTENÇÃO DA UREASE

Pesar 100 g de feijão de soja (adquirido no comércio), colocar em um escorredor de macarrão e lavar profusamente com água corrente. A seguir, colocar a soja lavada em um béquer de 1 L, adicionando 700 mL de água destilada. Deixar a suspensão em repouso por 24 horas. Remover os "olhos" de cada grão de feijão, procedendo a mais uma lavagem (com água destilada). Colocar os grãos de feijão em um copo de liquidificador com 300 mL de tampão fosfato 0,2 M (pH 7,0). Triturar a mistura durante 5 minutos, removendo as partículas sólidas por filtração a vácuo, usando gaze (quatro a seis camadas) como elemento de filtração. Dosar o teor de proteína por qualquer um dos métodos descritos e a atividade ureásica do filtrado conforme descrito nas seções 2.4.1 e 2.4.3.2, respectivamente.

OBSERVAÇÃO 1

Caso queira precipitar a urease presente no filtrado, adicionar acetona PA para obter uma solução hidrocetônica a 32% (v/v) e deixar a mistura em

Obtenção e caracterização de enzimas

repouso na geladeira por 24 horas. A urease precipitada é recuperada por filtração a vácuo. O papel de filtro com a urease é colocado em um vidro de relógio e deixado secar em temperatura ambiente no interior de uma capela. Recolher e acondicionar o pó em recipiente adequado.

OBSERVAÇÃO 2

Para reduzir a duração da aula prática, pode-se partir diretamente da farinha de soja adquirida no comércio. Em um copo de liquidificador, adiciona-se 100 g de farinha de soja e 500 mL de tampão fosfato 0,2 M (pH 7,0), contendo 10% em volume de glicerina. A mistura é triturada durante 5 minutos, sendo depois mantida em repouso, em geladeira, por 30 minutos e posteriormente filtrada a vácuo pela gaze. O teor de proteína e a atividade ureásica do filtrado são determinados conforme descrito nas seções 2.4.1 e 2.4.3.2, respectivamente. A urease pode ser precipitada dessa solução como referido na **observação 1**. Caso queira determinar o teor de proteína total da farinha – e/ou do farelo, se for o caso –, é preciso empregar o método de Kjehldal, descrito anteriormente, uma vez que na matéria-prima de partida a proteína está na forma insolúvel.

OBSERVAÇÃO 3

Caso o laboratório disponha de um aparato tipo soxhlet, o professor pode, primeiramente, desengordurar a farinha com éter etílico (deixar o cartucho com a farinha em refluxo por 24 horas), a qual, uma vez seca, constitui o farelo de soja. A urease, então, pode ser obtida a partir do farelo, seguindo a **observação 2**, lembrando que é desnecessária a adição de glicerina. O uso do farelo permite obter urease sem gordura (óleo de soja) e lecitina, contaminantes extraídos pelo éter etílico. Ocorre, inclusive, aumento do rendimento da precipitação da urease a partir da adição de acetona (32% v/v) ao filtrado.

OBSERVAÇÃO 4

A presença de proteína e/ou a atividade ureásica do filtrado pode ser demonstrada por testes qualitativos:

A) Adicionar em um tubo de ensaio 0,5 mL de solução de urease e 1 mL de solução de reativo de biureto. Agitar, anotando o resultado após alguns minutos.

B) Adicionar em um tubo de ensaio 0,5 mL de solução de urease e 1 mL de solução de ureia (1%). Deixar o tubo a 37 °C por 10 minutos. A seguir, colocar o tubo em banho fervente por 5 minutos. Após resfriar o tubo, adicionar 1 mL de ácido nítrico concentrado. Deve-se fazer o ácido escorrer lentamente pelas paredes do tubo. Observar e anotar o resultado.

C) Adicionar em um tubo de ensaio 0,5 mL de solução de urease, 1 mL de solução de ureia (1%) e três gotas de indicador vermelho de fenol. Agitar, aguardar 5 minutos e anotar o resultado.

D) Adicionar em um tubo de ensaio 0,5 mL de solução de urease, 1 mL de solução de tioureia (1%) e três gotas de indicador vermelho de fenol. Agitar, aguardar 5 minutos e observar o resultado.

E) Adicionar em um tubo de ensaio 0,5 mL de solução de urease. Levar o tubo em banho fervente por 5 minutos. A seguir, adicionar 1 mL de solução de ureia e três gotas de indicador vermelho de fenol. Agitar, aguardar 5 minutos e observar o resultado.

2.5.8.1 Organizar e analisar os dados obtidos

Dispor os dados nas Tabelas 2.7 e 2.8 a seguir.

Tabela 2.7 Quantidade de proteína e atividade ureásica da soja e derivados

Derivado da soja	Fração (solúvel/insolúvel)	Proteína (mg)	Atividade ureásica (mg NH$_4^+$/min.mL)
Grãos	PÓ*		
	FILTRADO		
Farinha	PÓ**		
	FILTRADO		
Farelo	PÓ**		
	FILTRADO		

Obtenção e caracterização de enzimas 49

* O pó de soja é obtido a partir da moagem dos grãos em moinho de martelos (recurso empregado em laboratório específico para manipulação de alimentos), enquanto o filtrado resulta do procedimento descrito anteriormente.

** O pó é representado pela própria farinha e/ou farelo adquirido no comércio. Ressalta-se que a determinação do teor de proteína total insolúvel presente nos pós é dosada pelo método de Kjehldal (disponível nos laboratórios direcionados para análise de alimentos).

Tabela 2.8 Observações referentes aos testes qualitativos constantes da **observação 4** para detectar presença ou não de proteína solúvel e de atividade ureásica nos filtrados provenientes de grãos, farinha e/ou farelo de soja

Teste	Observação experimental
A	
B	
C	
D	
E	

2.5.8.2 Questões para responder

1. Escreva a equação química da reação de hidrólise da ureia catalisada pela enzima urease.

2. Quais são as fontes utilizadas para a extração da urease?

3. Justifique o resultado observado no teste do biureto.

4. Justifique o resultado obtido pela adição de ácido nítrico concentrado ao tubo após a ação da urease.

5. Justifique o resultado obtido após incubar a solução de urease em banho fervente.

6. Experimentalmente, como se evidenciou a atividade catalítica da urease? Qual é a função do indicador vermelho de fenol?

7. Explicar o efeito da acetona na obtenção da urease, conforme descrito na **observação 1**.

2.5.9 ESTABELECIMENTO DA CURVA-PADRÃO DE GLICOSE PARA DOSAGEM DA ATIVIDADE INVERTÁSICA

Preparar solução de glicose (0,2 mg/mL) em tampão acetato 0,05 M (pH 4,6). Para estabelecer a curva-padrão montar a Tabela 2.9 a seguir.

50   *Guia para aulas práticas de biotecnologia de enzimas e fermentação*

Tabela 2.9   Esquema para estabelecimento da curva-padrão para dosagem da glicose

Tubo (número)	Glicose (0,2 mg/mL) (mL)	DNS (mL)	H_2O (mL)	ABS_1/ABS_2 (DO)	$ABS_{média}$ (DO)	Glicose (mg)
1/1'	0,1	1,0	8,9			
2/2'	0,2	1,0	8,8			
3/3'	0,3	1,0	8,7			
4/4'	0,4	1,0	8,6			0,08
5/5'	0,5	1,0	8,5			
6/6'	0,6	1,0	8,4			
7/7'	0,7	1,0	8,3			
8/8'	0,8	1,0	8,2			
9/9'	0,9	1,0	8,1			
10/10'	1,0	1,0	8,0			
Branco	-	1,0	9,0			

2.5.9.1 Organizar e analisar os dados obtidos

Completar a coluna de absorbâncias da Tabela 2.9 com a média das duas leituras feitas no espectrofotômetro (λ = 540 nm). Completar a coluna "glicose (mg)", conforme indicado para os tubos 4/4'. Fazer o gráfico da absorbância *versus* glicose (mg). Determinar a equação da reta correspondente por meio do método dos mínimos quadrados. O programa Excel pode ser usado para esta finalidade.

2.5.9.2 Questões para responder

1. Seria possível trocar a glicose pela manose para obter a curva-padrão referente ao método do DNS?

2. Em relação à questão anterior, a glicose não poderia ser substituída por:

   ( ) xilose.

   ( ) frutose.

   ( ) galactose.

   ( ) sacarose.

   ( ) maltose.

Obtenção e caracterização de enzimas

3. Por que ao "tubo branco" não se adiciona glicose?

4. A glicose sofre oxidação ou redução quando reage com o DNS?

2.5.10 OBTENÇÃO DA INVERTASE

Pesar 2 g de fermento de panificação prensado em erlenmeyer de 500 mL, adicionando, a seguir, 150 mL de solução de $NaHCO_3$ 0,16 M. Deixar agitando em *shaker* (150 rpm) por 24 horas a 45 °C. Após a incubação, centrifugar (3.000 xg; 15 minutos) e recolher o sobrenadante, medindo seu volume. Dosar no sobrenadante o teor de proteína solúvel por qualquer um dos métodos já descritos e a atividade invertásica conforme mostrado nas seções 2.4.1 e 2.4.3.3, respectivamente.

2.5.10.1 Organizar e analisar os dados obtidos

Expressar o teor proteico do sobrenadante em termos de mg de proteína/mL e a atividade invertásica em termos de mg de glicose/min.mL. Determinar também a atividade invertásica específica e total da solução.

2.5.10.2 Questões para responder

1. Qual é o papel do bicarbonato de sódio na obtenção da invertase a partir da levedura de panificação?

2. Por que a agitação das células de levedura em meio salino por certo tempo e temperatura é suficiente para a extração da invertase?

3. A centrifugação para separar as células em suspensão pode ser substituída por filtração sob vácuo? Em caso afirmativo, qual a vantagem da filtração sobre a centrifugação?

4. Caso a centrifugação fosse substituída pela filtração, o meio filtrante menos adequado para separação seria:

( ) gaze disposta em três camadas.

( ) membrana de nanofiltração.

( ) membrana de microfiltração (diâmetro do poro entre 0,30 μm e 0,45 μm).

( ) papel de filtro analítico.

( ) membrana de ultrafiltração.

2.6 QUESTÕES DE REVISÃO E FIXAÇÃO

1. Com exceção da bromelina, cite outras proteases sulfidrílicas e suas principais fontes.

2. A frase "As únicas fontes de enzimas de interesse comercial são as animais e a de plantas" está correta? Justifique a resposta.

3. A bromelina, como qualquer outra dos milhares de enzimas conhecidas, tem associada ao seu nome a sigla "EC.3.4.22.32". Simbolizando a sigla como "EC.a.b.c.d", indique o significado de "EC" e de cada um dos números constituintes da sigla (no caso, simbolizados pelas letras a, b, c, d).

4. Pode-se afirmar que a urease é uma enzima que apresenta nível quaternário de organização molecular? Justifique.

5. Assinale a afirmação correta:

   (   ) O método de Lowry não é indicado para dosar a proteína solúvel total de uma amostra.

   (   ) A cor desenvolvida no método de Bradford é lida em $\lambda < 300$ nm.

   (   ) O método de Kjehldal é indicado para dosar proteína insolúvel total de uma amostra.

   (   ) O método do biureto é mais sensível que o de Bradford para medida do teor de proteína solúvel total de uma amostra.

   (   ) A proteína total do farelo de soja pode ser dosada pelo método do biureto.

6. Calcule a absorbância a 260 nm e 340 nm das seguintes soluções, medidas em uma cubeta de 2 cm de caminho óptico:

   a) NADH $4{,}0 \cdot 10^{-5}$ M;

   b) NADH $3{,}5 \cdot 10^{-6}$ M mais ATP $1{,}1 \cdot 10^{-5}$ M. O a_m para o NADH a 260 nm e 340 nm é, respectivamente, igual a 15.000 $M^{-1}cm^{-1}$ e 6.220 $M^{-1} \cdot cm^{-1}$, enquanto para o ATP é 15.400 $M^{-1}cm^{-1}$ (a 260 nm) e zero (a 340 nm).

7. A determinação da atividade da α-amilase poderia ser feita por meio do método da medida do diâmetro do halo em placa de petri? Em caso afirmativo, cite os ingredientes básicos do meio a ser colocado na placa de petri.

8. Escreva as equações para o que se pede:

   a) hidrólise da sacarose pela invertase;

   b) decomposição da ureia pela urease;

   c) oxidação da glicose pelo DNS;

   d) hidrólise de maltose e lactose pela invertase.

2.7 BIBLIOGRAFIA

AQUARONE, E. et al. **Biotecnologia industrial**. São Paulo: Blucher, 2001. v. 3.

BACILLA, M.; VILLELA, A.; TASTALDI, H. **Técnicas e experimentos de bioquímica**. Rio de Janeiro: Guanabara Koogan, 1970.

BON, E. P. S.; FERRARA, M. A.; CORVO, M. L. **Enzimas em biotecnologia:** produção, aplicações e mercado. Rio de Janeiro: Interciência, 2008.

COELHO, M. A. Z.; SALGADO, A. M.; RIBEIRO, B. D. **Tecnologia enzimática**. Rio de Janeiro: EPUB, 2008.

FREIMAN, L. O.; SABAA SRUR, A. U. O. Determinação de proteína total e escore de aminoácidos de bromelinas extraídas dos resíduos do abacaxizeiro (*Ananas comosus*, (L.) Merril). **Ciência e Tecnologia de Alimentos**, Campinas, v. 19, n. 2, p. 170-173, 1999.

MORETTO, L. D. **Efeito da temperatura e de ativadores no processo de extração da bromelina**. 1992. 98 f. Tese (Doutorado) – Faculdade de Ciências Farmacêuticas, Universidade de São Paulo, São Paulo, 1992.

NOVAES, L. C. L. **Extração de bromelina dos resíduos de abacaxi (*Ananas comosus*) por sistemas de duas fases aquosas e sua aplicação em hidrogel polimérico**. 2013. 153 f. Tese (Doutorado em Bromatologia) – Faculdade de Ciências Farmacêuticas, Universidade de São Paulo, São Paulo, 2013.

SAID, S.; PIETRO, R. C. L. R. **Enzimas como agentes biotecnológicos**. Ribeirão Preto: Legis Summa, 2014.

VITOLO, M. et al. **Biotecnologia farmacêutica:** aspectos sobre aplicação industrial. São Paulo: Blucher, 2015.

ZAIA, D. A. M.; ZAIA, C. T. B. V.; LICHTIG, J. Determinação de proteínas totais via espectrofotometria: vantagens e desvantagens dos métodos existentes. **Química Nova**, São Paulo, v. 21, n. 6, p. 787-793, 1998.

CAPÍTULO 3
FATORES QUE AFETAM
A ATIVIDADE ENZIMÁTICA

3.1 OBJETIVO

Avaliar o efeito de fatores físico-químicos sobre a atividade catalítica de enzimas.

3.2 TEORIA

A atividade de uma enzima deve ser preservada tanto na fase de armazenamento como na fase de utilização. Durante o armazenamento, a estabilização da enzima é obtida basicamente por meio da forma de apresentação do produto, ou seja, líquida ou pó, como apresentado no Quadro 3.1 a seguir.

Quadro 3.1 Comparação entre as formas de apresentação, líquida ou em pó, de preparações enzimáticas

Forma de apresentação	
Pó	**Líquida**
O ingrediente inerte não pode ser reconhecido como substrato pela enzima.	A adição de ingrediente inerte é desnecessária.
O ingrediente inerte serve apenas como diluente da enzima para fins de padronização da atividade enzimática.	A padronização é feita com volume adequado de solvente.
O ingrediente inerte pode ser solúvel ou insolúvel. Quando insolúvel, deve ser de fácil separação.	Não se aplica.

(continua)

Quadro 3.1 Comparação entre as formas de apresentação, líquida ou em pó, de preparações enzimáticas *(continuação)*

Forma de apresentação	
Pó	**Líquida**
A enzima pode não estar na conformação mais adequada para a catálise.	A enzima pode estar em sua forma estrutural mais adequada para a catálise.
O uso de preservativos é dispensável.	O uso de preservativos é indispensável.
Eventuais cofatores podem estar presentes na formulação ou ser adicionados no momento do uso.	Eventuais cofatores podem estar presentes na solução.
Agentes anti-inibidores podem estar presentes.	Agentes anti-inibidores podem estar presentes.

Durante a catálise, os fatores que podem afetar o desempenho da enzima são, basicamente, divididos em dois grupos, a saber, os de ação localizada (atuam em domínios determinados da estrutura molecular) e os de ação deslocalizada (não possuem um domínio particular de atuação).

3.2.1 FATORES DE AÇÃO LOCALIZADA

Entre os fatores conhecidos, os quais agem em domínios específicos da macromolécula proteica, são considerados os cofatores e os inibidores. Os inibidores agem sempre no sentido de diminuir a velocidade da reação, enquanto os cofatores, dependendo do caso, podem acelerar ou retardar a reação ou, ainda, estabilizar a enzima frente a algum parâmetro da reação (pH, temperatura, entre outros). Os cofatores são substâncias não proteicas que atuam em associação com certas enzimas e que, em muitos casos, desempenham papel relevante na catálise. Podem estar ligados à enzima ou livres em solução, juntando-se à enzima apenas no momento da catálise.

Cofatores ligados à enzima, se forem de natureza orgânica, são chamados de **grupos prostéticos**; se forem de natureza inorgânica, recebem a denominação de **íons metálicos** (por exemplo, Cu^{1+}, Cu^{2+}, Mg^{2+}, Zn^{2+}). A glicose oxidase, por exemplo, é uma enzima que possui, em sua estrutura, a flavina dinucleotídeo (FAD) e o íon Fe^{2+}, respectivamente, grupo prostético e íon metálico, ambos indispensáveis para a ação da enzima, que oxida a glicose em ácido glicônico. Geralmente, no entanto, as enzimas possuidoras de cofatores têm um deles somente. Os cofatores livres em solução, se forem de natureza orgânica, são chamados de **coenzimas** (NAD^+, NADH, $NADP^+$, ATP, entre outras); se forem de natureza inorgânica, recebem a denominação de **ativadores** (por exemplo, Mg^{2+}, Ca^{2+}).

Entretanto, há situações em que determinadas substâncias presentes no meio reacional, apesar de serem dispensáveis para a ocorrência da catálise, colaboram no aumento da estabilidade do catalisador durante a reação. Como exemplos, citam-se o efeito estabilizador do íon Ca^{2+} sobre a α-amilase durante a hidrólise do amido (Figura 3.1) e a estabilização de proteases sulfidrílicas – enzimas (bromelina, papaína, ficina) que possuem no sítio catalítico um grupo sulfidrila (-SH) facilmente oxidável – pela presença de cisteína e/ou EDTA no meio reacional.

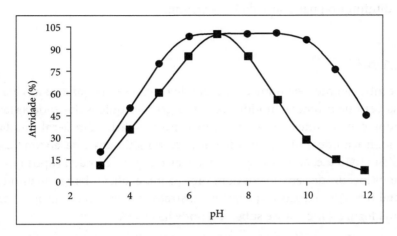

Figura 3.1 Efeito do pH do meio reacional na hidrólise do amido pela α-amilase de *Aspergillus oryzae* na presença (●) e na ausência (■) de íons Ca^{2+}.

Os inibidores são substâncias que reduzem a velocidade da reação catalisada por enzima e, portanto, devem ser evitados sempre que possível. Há, no entanto, situações em que o inibidor surge no meio reacional em virtude do mecanismo inerente à própria enzima utilizada. Um exemplo clássico dessa situação sucede na deslactosação do leite ou soro com lactase, a qual, ao hidrolisar a lactose, libera no meio de reação a glicose e a galactose – açúcares constituintes da lactose –, sendo a galactose um inibidor competitivo da lactose. Em um caso como esse, a solução deve ser tecnológica, ou seja, deve-se evitar o acúmulo de galactose no meio reacional usando reator operado em regime contínuo, por exemplo. Os inibidores, em linhas gerais, podem ser classificados em **irreversível** (quando se liga fortemente ao sítio ativo da enzima, inativando-a) e **reversível** (quando seu efeito é revertido pelo aumento da concentração de substrato no meio de reação).

O inibidor reversível, que se liga fracamente a um sítio específico da macromolécula enzimática, pode ser de três tipos diferentes: **inibidor reversível competitivo**, que compete com o substrato pelo sítio ativo da enzima; **inibidor reversível não competitivo**, quando não compete com o substrato pelo sítio ativo da enzima, podendo ligar-se à enzima livre ou ao complexo enzima-substrato; **inibidor reversível incompetitivo**, quando se liga apenas ao complexo enzima-substrato. Reitera-se que os inibidores reversíveis competitivo e não competitivo são os únicos tipos que podem surgir como subprodutos nos processos catalíticos industriais. São exemplos, respectivamente, a deslactosação do leite pela lactase e a oxidação da glicose em ácido glicônico pela glicose oxidase – nesse caso, é a água oxigenada que atua como inibidor reversível não competitivo.

3.2.2 FATORES DE AÇÃO DESLOCALIZADA

São fatores do meio reacional que atuam indistintamente sobre a macromolécula, podendo diminuir ou não a atividade da enzima.

3.2.2.1 pH

A concentração hidrogeniônica do meio de reação sempre afeta a atividade da enzima, uma vez que promove modificações nos grupos iônicos das cadeias laterais dos aminoácidos constituintes da estrutura proteica primária. Em geral, mudanças nos graus de ionização de aminoácidos localizados no sítio ativo da enzima causam diminuição da atividade, ao passo que mudanças da ionização de grupos químicos em aminoácidos localizados em outros domínios da molécula podem reduzir ou não a atividade catalítica. Além disso, os próprios substratos podem conter grupos ionizáveis e apenas uma forma iônica desse substrato pode ligar-se à enzima.

Deve-se ressaltar que a estrutura global da molécula enzimática pode ser afetada de modo reversível ou irreversível, dizendo-se, nesse caso, que a molécula sofreu desnaturação. No caso do efeito reversível, ocorre mudança na conformação espacial da molécula; no efeito irreversível, ocorre mudança na configuração de um ou mais domínios da estrutura molecular.

O efeito do pH sobre a ação da enzima pode ser analisado nos aspectos da atividade catalítica e da estabilidade da estrutura molecular. O efeito sobre a velocidade da reação enzimática (v) é avaliado executando-se a reação em valores diferentes de pH. Em geral, ao se desenhar o gráfico v = f(pH), obtém-se uma figura em forma de sino (Figura 3.1). O pH no qual ocorre a maior velocidade é chamado de **$pH_{ótimo}$ da enzima**. No caso da ação da α-amilase na ausência de Ca^{2+} o $pH_{ótimo}$ é 7,0, como apresentado na Figura 3.1. O efeito sobre a estabilidade da enzima é avaliado deixando a enzima dissolvida em uma solução com determinado pH por certo tempo – esse tempo corresponde àquele previsto para a ação da enzima em dado processo. Depois, toma-se uma alíquota da solução contendo a enzima e procede-se à medida da atividade remanescente da enzima em condições de ensaio padronizadas. A seguir, deve-se desenhar o gráfico v = f(pH) obtendo uma curva com o perfil mostrado na Figura 3.1, da qual se extrai que no intervalo $6,0 \leq pH \leq 10,0$ a α-amilase na presença de Ca^{+2} é estável. Observar que o $pH_{ótimo}$ situa-se dentro da faixa de estabilidade.

3.2.2.2 Temperatura

Pela físico-química, sabe-se que ao aumentar a temperatura da reação sua velocidade aumenta. A lei de Van't Hoff, inclusive, determina que um aumento de 10 °C na temperatura da reação faz a velocidade da reação dobrar. O efeito positivo do aumento da temperatura sobre a velocidade da reação deve-se ao crescimento da energia

Fatores que afetam a atividade enzimática

cinética das moléculas presentes no meio reacional – ou seja, aumento na rapidez com que se movimentam –, o qual ocasiona a elevação da frequência de colisões intermoleculares efetivas, que resultam no aumento da transformação do substrato em produto. Entretanto, a frequência de colisão não é igual à velocidade da reação, porque apenas uma parcela das colisões ocorre com energia suficiente para promover a reação. Isso significa que existe um valor de energia mínima das moléculas, denominada **energia de ativação** (E_a), para que a reação ocorra com eficiência.

A relação entre a temperatura e a energia de ativação é dada pela equação de Arrhenius:

$$k = A \cdot e^{(-Ea/RT)} \tag{3.1}$$

em que k é a constante de velocidade da reação; A representa a constante de proporcionalidade; E_a significa energia de ativação; R é constante universal dos gases; T simboliza temperatura absoluta. A partir de tratamento matemático adequado da Equação (3.1) obtém-se:

$$\text{Log}\left(\frac{k_2}{k_1}\right) = \left(\frac{E_a}{2,303 \cdot R}\right) \cdot \left[\frac{(T_2 - T_1)}{T_2 \cdot T_1}\right] \tag{3.2}$$

A Equação (3.2) permite correlacionar as constantes de velocidade (k_2 e k_1) de uma mesma reação medidas a duas temperaturas diferentes, em que $T_2 > T_1$. Em consequência, pode ser calculada a energia de ativação correspondente. O aspecto importante da Equação (3.2) para as enzimas reside no fato de que a velocidade máxima da reação é diretamente proporcional à concentração inicial de enzima (E_o) e, se a enzima não sofrer desnaturação no intervalo de temperatura estudado – caso mantenha seu desempenho catalítico inicial –, pode-se escrever as seguintes equações, respectivamente, para as temperaturas T_2 e T_1:

$$V_{máx2} = k_2 \cdot E_o \tag{3.3}$$

$$V_{máx1} = k_1 \cdot E_o \tag{3.4}$$

em que $V_{máx1}$ e $V_{máx2}$ são as velocidades máximas da reação enzimática correspondentes às temperaturas T_1 e T_2. Dividindo a Equação (3.3) pela Equação (3.4):

$$\frac{V_{máx2}}{V_{máx1}} = \frac{k_2}{k_1} \tag{3.5}$$

Substituindo a Equação (3.5) na Equação (3.2), tem-se, finalmente:

$$Log\left(\frac{V_{máx2}}{V_{máx1}}\right) = \left(\frac{E_a}{2,303 \cdot R}\right) \cdot \left[\frac{(T_2 - T_1)}{T_2 \cdot T_1}\right] \tag{3.6}$$

No entanto, quando a reação é catalisada por uma enzima, a velocidade aumenta até dado valor de temperatura, passando a decrescer para temperaturas mais altas. Esse comportamento deve-se à natureza proteica da enzima, a qual é danificada à medida que a temperatura é aumentada. Isso significa que, no caso das proteínas enzimáticas, a temperatura exerce dois efeitos simultâneos: ativação (aumento da velocidade da reação) e desnaturação (desarranjo da estrutura tridimensional da molécula). Por conseguinte, enquanto a ativação sobrepujar a desnaturação, o resultado final é um aumento da velocidade com o aumento da temperatura. Porém, a partir de certa temperatura, a desnaturação passa a sobrepujar a ativação, resultando em uma queda na velocidade da reação ao passo que a temperatura é aumentada. A ativação, que se reflete no aumento da velocidade de reação, é resultado do aumento do número de colisões entre as moléculas de enzima e de substrato, enquanto a desnaturação, que se reflete na diminuição da velocidade, resulta do rompimento de ligações não covalentes (forças de Van der Waals, ligações de hidrogênio, interações hidrofóbicas, entre outras). Em condições normais, estas estabilizam a estrutura terciária e, eventualmente, também a estrutura quaternária da molécula proteica.

O efeito da temperatura na ação da enzima pode ser considerado sobre a atividade – a velocidade da reação é medida frente a várias temperaturas – e sua estabilidade. A avaliação da estabilidade consiste em deixar a solução tamponada da enzima em determinada temperatura por um tempo fixo, o qual corresponde àquele previsto para a duração da reação. A seguir, toma-se uma alíquota e mede-se a atividade residual da enzima por meio de um ensaio-padrão. O efeito da temperatura sobre a estabilidade da enzima é visualizado por gráfico $v_{residual}$ *versus* temperatura.

3.2.3 EFEITO DA CONCENTRAÇÃO INICIAL DE SUBSTRATO

Além dos fatores citados, a atividade de uma enzima, presente no meio de reação em dada quantidade (E_o), é afetada também pela quantidade inicial de substrato disponibilizada. Considerando que tanto a enzima como o substrato estejam solubilizados no meio de reação e que as condições de reação (pH, temperatura, agitação etc.) sejam as mais adequadas para a catálise, pode-se escrever a equação seguinte para o caso da enzima atuar em um substrato e liberar apenas um produto:

$$E + S \underset{k_2}{\overset{k_1}{\rightleftharpoons}} ES \xrightarrow{k_3} E + P$$

Fatores que afetam a atividade enzimática
61

Nessa equação, E é a concentração de enzima livre no meio de reação; S simboliza a concentração de substrato no meio de reação; P representa o produto formado; k_1, k_2 e k_3 são as constantes de velocidade; ES significa concentração do complexo enzima--substrato (intermediário obrigatório para qualquer reação catalisada por enzima).

Demonstra-se que, para uma reação catalisada por enzima, que segue o modelo citado, vale a relação:

$$v = (V_{máx} \cdot S) \div (K_M + S) \tag{3.7}$$

em que v é a velocidade da reação; $V_{máx}$ significa maior velocidade alcançada pela reação; S simboliza a concentração de substrato; K_M representa a constante cinética característica da enzima nas condições de reação (corresponde à concentração de substrato frente a qual $v = V_{máx} \div 2$).

Considerando que a curva representada pela Equação (3.7) é uma hipérbole retangular, torna-se necessário reescrevê-la de modo a permitir o cálculo das constantes cinéticas ($V_{máx}$ e K_M). Para tanto, tomam-se os inversos de ambos os membros da Equação (3.7) e, após o rearranjo algébrico pertinente, obtém-se a equação:

$$\left(\frac{1}{v} \right) = \left(\frac{K_M}{V_{máx}} \right) \cdot \left(\frac{1}{S} \right) + \left(\frac{1}{V_{máx}} \right) \tag{3.8}$$

Essa equação representa uma linha reta para o gráfico $\left(\frac{1}{v} \right) = f\left(\frac{1}{S} \right)$, cujos coeficientes linear e angular são representados por $\left(\frac{1}{V_{máx}} \right)$ e $\left(\frac{K_M}{V_{máx}} \right)$, respectivamente.

Quando uma substância inibidora estiver presente no meio reacional além do substrato, a velocidade da reação (v) diminui. Dependendo do tipo de inibição (competitiva ou não competitiva, por exemplo), a Equação (3.8) pode ser escrita nas formas:

$$\left(\frac{1}{v} \right) = \left(\frac{K_M}{V_{máx}} \right) \cdot \left[1 + \left(\frac{I}{K_1} \right) \right] \cdot \left(\frac{1}{S} \right) + \left(\frac{1}{V_{máx}} \right) \tag{3.9}$$

em que I é a concentração do inibidor competitivo e K_i simboliza a constante de inibição para o inibidor competitivo.

$$\left(\frac{1}{v} \right) = \left(\frac{K_M}{V_{máx}} \right) \cdot \left[1 + \left(\frac{I'}{K'_1} \right) \right] \cdot \left(\frac{1}{S} \right) + \left(\frac{1}{V_{máx}} \right) \cdot \left[1 + \left(\frac{I'}{K'_1} \right) \right] \tag{3.10}$$

em que I' é a concentração do inibidor não competitivo e K_i representa a constante de inibição para o inibidor não competitivo.

3.3 REAGENTES E EQUIPAMENTOS

3.3.1 REAGENTES

São os mesmos descritos no Capítulo 2. Quando houver necessidade de um novo reagente, será descrito na seção correspondente à descrição do experimento.

3.3.2 EQUIPAMENTOS

Balança analítica, espectrofotômetro, medidor de pH, agitador magnético, banho-maria, agitador de tubos (*vortex*), estufa e centrífuga.

OBSERVAÇÃO

O número de peças de vidraria e de materiais acessórios, quantidade de reagentes e de equipamentos básicos (banho-maria, agitadores de tubos, medidores de pH etc.) necessários dependem do número de alunos relacionados para a prática laboratorial.

3.4 MÉTODOS ANALÍTICOS

3.4.1 DOSAGEM DA ATIVIDADE DA BROMELINA

Em um tubo, colocar 1 mL da solução de amostra contendo bromelina e 8 mL de solução de caseína dissolvida em tampão fosfato 0,2 M pH 7,5. Misturar e deixar o tubo em banho-maria a 37 °C por 10 minutos. A seguir, adicionar 1 mL de solução de ácido tricloroacético (0,1 M ou 10%), centrifugar (3.000 xg) e recolher o sobrenadante. Colocar 1 mL do sobrenadante na cubeta de 1 cm de caminho óptico e ler a absorbância da solução a 280 nm. A absorbância lida é convertida em mg de tirosina por meio de uma curva-padrão feita com solução de tirosina 1 mM. O "zero" do espectrofotômetro é ajustado com a solução obtida após o procedimento descrito,

Fatores que afetam a atividade enzimática 63

exceto pela ordem de adição de dois dos reagentes, ou seja, adicionar ao tubo 1 mL da solução contendo a bromelina **após** a adição de 1 mL da solução de TCA. Não há necessidade de deixar o tubo por 10 minutos a 37 °C.

Uma unidade de atividade bromelínica é definida como a quantidade de tirosina formada, expressa em miligramas, por minuto e por mL de amostra, nas condições padrões de ensaio (pH 7,5 e 37 °C).

3.4.2 DOSAGEM DA ATIVIDADE DA UREASE

Em um tubo, colocar 1,0 mL da solução de amostra contendo urease e 5,0 mL de solução tamponada de ureia 0,5 M (tampão fosfato 0,2 M; pH 7,0). Misturar e deixar o tubo em banho-maria a 37 °C por 5 minutos. A seguir, adicionar 5 mL de solução de ácido tricloroacético (10%). Filtrar. Diluir 1,0 mL do filtrado para 100 mL com tampão fosfato 0,2 M (pH 7,0). A seguir, tomar 2,0 mL da diluição e misturar com 1,0 mL de reativo de Nessler e 7,0 mL de água destilada. Homogeneizar e deixar em repouso por 15 minutos. Ler a absorbância da solução a 505 nm. A absorbância lida é convertida em mg de amônia por meio de uma curva-padrão feita com solução de sulfato de amônio 0,5 mM. O "zero" do espectrofotômetro é ajustado com a solução obtida após o procedimento descrito, exceto pela ordem de adição de dois dos reagentes, ou seja, adicionar ao tubo 1 mL da solução contendo a urease **após** a adição de 1 mL da solução de TCA. Não há necessidade de deixar o tubo por 10 minutos a 37 °C.

Uma unidade de atividade ureásica é definida como a quantidade de amônia formada, expressa em miligramas, por minuto e por mL de amostra, nas condições padrões de ensaio (pH 7,0 e 37 °C).

3.4.3 DOSAGEM DA ATIVIDADE DA INVERTASE

Em um tubo, colocar 1,0 mL da solução de amostra contendo invertase e 1,0 mL de solução tamponada de sacarose 0,3 M (tampão acetato 0,05 M; pH 4,6). Misturar e deixar o tubo em banho-maria a 37 °C por 10 minutos. A seguir, adicionar 1,0 mL de solução de ácido 3,5-dinitrossalicílico, mergulhando, depois, o tubo em banho fervente por 5 minutos. Resfriar e completar o volume a 10 mL com água destilada. Homogeneizar e ler a cor da solução em espectrofotômetro (λ = 540 nm). A absorbância lida é convertida em mg de glicose por meio de uma curva-padrão feita com solução 0,2 mg/mL de glicose P.A. O "zero" do espectrofotômetro é ajustado com a solução tratada exatamente como descrito, exceto pela adição da solução de substrato, que é substituída por água destilada.

Uma unidade de atividade invertásica é definida como a quantidade de AR formada, expressa em miligramas de glicose, por minuto e por mL de amostra, nas condições padrões de ensaio (pH 4,6 e 37 °C).

64   *Guia para aulas práticas de biotecnologia de enzimas e fermentação*

3.5 PRÁTICAS

3.5.1 EFEITO DO pH NA ATIVIDADE E ESTABILIDADE ENZIMÁTICA

3.5.1.1 Efeito do pH na atividade da invertase

Determinar a atividade invertásica conforme descrito na Seção 3.4.3, exceto o pH e a composição da solução-tampão usada para dissolver a sacarose, perfazendo a concentração de 0,3 M. Usar os tampões citrato (pH 3,0; 3,5; 4,0), acetato (pH 4,0; 4,6; 5,0; 5,6) e fosfato (6,0; 6,5; 7,0) na concentração 0,05 M (Tabela 3.1). Para cada solução-tampão, fazer o correspondente ensaio em branco (substituir a solução de invertase por 1 mL de água destilada). Para o cálculo da atividade invertásica, deve-se subtrair a absorbância do branco daquela obtida pela ação da enzima.

Tabela 3.1 Composição das soluções-tampão 0,05 M para estudo do efeito do pH na atividade e estabilidade da invertase

Tampão citrato 0,05 M (pK_{a2} = 4,74)			
Solução A: dissolver 10,51 g de ácido cítrico em 1 L de água destilada.			
Solução B: dissolver 14,71 g de citrato de sódio em 1 L de água destilada.			
pH	Sol. A (mL)	Sol. B (mL)	H_2O (mL)
3,0	46,5	3,5	50,0
3,5	37,0	13,0	50,0
4,0	33,0	17,0	50,0
4,5	25,5	24,5	50,0
5,0	20,5	29,5	50,0
5,5	13,7	36,3	50,0
6,0	9,5	41,5	50,0
Tampão acetato 0,05 M (pK_a = 4,76)			
Solução A: misturar 3,0 mL de ácido acético glacial com 997 mL de água destilada.			
Solução B: dissolver 4,1 g de acetato de sódio anidro em 1L de água destilada.			
pH	Sol. A (mL)	Sol. B (mL)	H_2O (mL)
4,0	41,0	9,0	50,0
4,6	30,5	19,5	50,0
5,0	14,8	35,2	50,0
5,2	10,5	39,5	50,0
5,6	4,8	45,2	50,0

(continua)

Fatores que afetam a atividade enzimática   **65**

Tabela 3.1 Composição das soluções-tampão 0,05 M para estudo do efeito do pH na atividade e estabilidade da invertase *(continuação)*

Tampão fosfato 0,05 M (pK_{a2} = 7,21)			
Solução A: dissolver 6,95 g de fosfato de sódio monobásico em 1 L de água destilada.			
Solução B: dissolver 13,41 g de fosfato de sódio dibásico hepta-hidratado em 1 L de água destilada.			
pH	Sol. A (mL)	Sol. B (mL)	H_2O (mL)
6,0	87,7	12,3	100
6,5	68,5	31,5	100
7,0	39,0	61,0	100
7,5	16,0	84,0	100
8,0	5,3	94,7	100

3.5.1.1.1 Organizar e analisar os dados obtidos

Completar a Tabela 3.2 a seguir.

Tabela 3.2 Compilação dos dados de absorbância para estudar o efeito do pH sobre a atividade da invertase (v)

Tampão	pH	$(Abs)_{amostra}$	$(Abs)_{branco}$	ΔAbs^*	v (mg AR/min · mL)
	3,0				
Citrato	3,5				
	4,0				
	4,0				
Acetato	4,5				
	5,0				
	5,6				
	6,0				
Fosfato	6,5				
	7,0				

* $\Delta Abs = (Abs)_{amostra} - (ABS)_{branco}$.

Fazer o gráfico da atividade *versus* pH.

3.5.1.1.2 Questões para responder

1. Por que fazer o ensaio em branco?

2. Por que subtrair o valor da absorbância do branco daquele obtido para a amostra?

3. Qual é a razão de empregar soluções-tampão de composição diferente para as diferentes faixas de pH?

4. Qual é o $pH_{ótimo}$ da invertase?

5. Qual é o valor da atividade invertásica no $pH_{ótimo}$?

6. Há diferença na atividade invertásica medida em pH imediatamente inferior ou superior ao $pH_{ótimo}$? Em caso afirmativo, como seria possível explicar a observação experimental?

7. Que tipo de informação pode ser extraída por meio da medida da atividade da enzima em valor de pH limítrofe (4,0 ou 6,0; ver Tabela 3.2) entre tampões de composições diferentes?

3.5.1.2 Efeito do pH na estabilidade da invertase

Preparar soluções de invertase em diferentes pH usando as soluções-tampão indicadas na Tabela 3.1. Deixar as soluções tamponadas de invertase em repouso por 15 minutos a 37 °C. Em seguida, avaliar a atividade invertásica residual por meio do ensaio-padrão descrito na Seção 3.4.3.

OBSERVAÇÃO

A quantidade de invertase dissolvida em cada solução-tampão deve, preferencialmente, ser igual à usada no ensaio-padrão. ■

3.5.1.2.1 Organizar e analisar os dados obtidos

Completar a Tabela 3.3 a seguir.

Fatores que afetam a atividade enzimática 67

Tabela 3.3 Compilação dos dados de absorbância para estudar o efeito do pH sobre a estabilidade da invertase (v)

Tampão	pH	$(Abs)_{amostra}$	$*(Abs)_{branco}$	$\Delta Abs**$	$v_{residual}$ (mg AR/min · mL)
	3,0				
Citrato	3,5				
	4,0				
	4,0				
Acetato	4,5				
	5,0				
	5,6				
	6,0				
Fosfato	6,5				
	7,0				

* $(Abs)_{branco}$ é a mesma para todos os ensaios.

**$\Delta Abs = (Abs)_{amostra} - (ABS)_{branco}$.

Fazer o gráfico da atividade residual *versus* pH.

3.5.1.2.2 Questões para responder

1. Por que, neste caso, fazer um ensaio em branco já é suficiente? Compare com a questão 1 da Seção 3.5.1.1.2.

2. Por que na determinação da estabilidade da enzima frente ao pH emprega-se o termo "atividade residual"?

3. Qual é o intervalo de pH no qual a invertase é estável?

4. O valor do $pH_{ótimo}$ encontra-se dentro da faixa de estabilidade da invertase?

5. Que tipo de informação pode ser extraída pela medida da atividade residual da enzima em valor de pH limítrofe 4,0, entre tampões de composições diferentes (citrato e acetato – Tabela 3.3)?

3.5.1.3 Efeito do pH na atividade da bromelina

Determinar a atividade da bromelina conforme descrito na Seção 3.4.1, exceto o pH da solução de caseína, cujos valores são 3,0; 3,5; 4,0; 5,0; 6,0; 7,0; 8,0 ou 8,5. Os valores de pH e as composições dos tampões são apresentados na Tabela 3.4.

68

Guia para aulas práticas de biotecnologia de enzimas e fermentação

Tabela 3.4 Composição das soluções-tampão 0,2 M para estudo do efeito do pH na atividade e estabilidade da bromelina e urease

Tampão acetato 0,2 M ($pK_a = 4,76$)			
Solução A: dissolver 11,55 mL de ácido acético glacial em 1 L de água.			
Solução B: dissolver 16,4 g de acetato de sódio anidro em 1 L de água.			
pH	Sol. A (mL)	Sol. B (mL)	H_2O (mL)
4,0	41,0	9,0	50,0
4,6	30,5	19,5	50,0
5,0	14,8	35,2	50,0
5,2	10,5	39,5	50,0
5,6	4,8	45,2	50,0
Tampão citrato 0,2 M ($pK_{a2} = 4,74$)			
Solução A: dissolver 42,02 g de ácido cítrico em 1 L de água.			
Solução B: dissolver 58,82 g de citrato de sódio di-hidratado em 1 L de água.			
pH	Sol. A (mL)	Sol. B (mL)	H_2O
3,0	46,5	3,5	50,0
3,5	37,0	13,0	50,0
4,0	33,0	17,0	50,0
4,5	25,5	24,5	50,0
5,0	20,5	29,5	50,0
5,5	13,7	36,3	50,0
6,0	9,5	41,5	50,0
Tampão succinato 0,2 M ($pK_{a2} = 5,57$)			
Solução A: dissolver 23,6 g de ácido succínico em 1 L de água.			
Solução B: dissolver 8 g de NaOH em 1 L de água.			
pH	Sol. A (mL)	Sol. B (mL)	H_2O (mL)
4,0	25,0	10,0	165,0
4,5	25,0	20,0	155,0
5,0	25,0	26,7	148,3
5,5	25,0	37,5	137,5
6,0	25,0	43,5	131,5

(continua)

Fatores que afetam a atividade enzimática

Tabela 3.4 Composição das soluções-tampão 0,2 M para estudo do efeito do pH na atividade e estabilidade da bromelina e urease *(continuação)*

Tampão fosfato 0,2 M (pK_{a2} = 7,21)			
Solução A: dissolver 27,8 g de fosfato de sódio monobásico em 1 L de água.			
Solução B: dissolver 53,65 g de fosfato de sódio dibásico hepta-hidratado em 1 L de água.			
pH	Sol. A (mL)	Sol. B (mL)	H_2O (mL)
6,0	87,7	12,3	100
6,5	68,5	31,5	100
7,0	39,0	61,0	100
7,5	16,0	84,0	100
8,0	5,3	94,7	100
Tampão tris (hidroximetil aminometano) 0,2 M (pK_a = 8,1)			
Solução A: dissolver 24,2 g de TRIS em 1 L de água.			
Solução B: HCl 0,2 M.			
pH	Sol. A (mL)	Sol. B (mL)	H_2O (mL)
7,5	50,0	38,4	111,6
8,0	50,0	26,8	123,2
8,5	50,0	12,2	137,8
9,0	50,0	5,0	145,0
Tampão ácido bórico-bórax 0,2 M (pK_a = 9,24)			
Solução A: dissolver 12,4 g de ácido bórico em 1 L de água.			
Solução B: dissolver 19,05 g de bórax em 1 L de água.			
pH	Sol. A (mL)	Sol. B (mL)	H_2O (mL)
8,0	50,0	4,9	145,1
8,5	50,0	17,5	132,5
9,0	50,0	59,0	91,0

3.5.1.3.1 Organizar e analisar os dados obtidos

Completar a Tabela 3.5 a seguir.

Tabela 3.5 Compilação dos dados de absorbância para estudar o efeito do pH sobre a atividade da bromelina (v)

Tampão	pH	$(Abs)_{amostra}$	v (mg tirosina/min.mL)
Citrato	3,0		
	3,5		
	4,0		
	5,0		
Acetato	4,0		
	4,6		
	5,0		
	5,6		
Fosfato	6,0		
	6,5		
	7,0		
	7,5		
TRIS	7,5		
	8,0		
	8,5		

Fazer o gráfico da atividade *versus* pH.

3.5.1.3.2 Questões para responder

1. Por que fazer o ensaio em branco é desnecessário neste caso?

2. Qual é a razão de empregar soluções-tampão de composição diferente para as diferentes faixas de pH?

3. Qual é o $pH_{ótimo}$ da bromelina?

4. Qual é o valor da atividade bromelínica no $pH_{ótimo}$?

5. Há diferença na atividade bromelínica medida em pH imediatamente inferior ou superior ao $pH_{ótimo}$? No caso afirmativo, como seria possível explicar a observação experimental?

6. As atividades da bromelina em pH 5,0, usando os tampões citrato e acetato, ou em pH 7,5, usando os tampões fosfato e TRIS, seriam iguais em um mesmo valor de pH?

Fatores que afetam a atividade enzimática

3.5.1.4 Efeito do pH na estabilidade da bromelina

Preparar soluções de bromelina em diferentes pH (mesmos valores da avaliação do pH sobre a atividade bromelínica) usando as soluções-tampão indicadas na Tabela 3.4. Deixar as soluções tamponadas de bromelina em repouso por 15 minutos a 37 °C. Em seguida, avaliar a atividade bromelínica residual pelo ensaio-padrão descrito na Seção 3.4.1.

OBSERVAÇÃO

A quantidade de bromelina dissolvida em cada solução-tampão deve, preferencialmente, ser igual à usada no ensaio-padrão. ∎

3.5.1.4.1 Organizar e analisar os dados obtidos

Completar a Tabela 3.6 a seguir.

Tabela 3.6 Compilação dos dados de absorbância para estudar o efeito do pH sobre a estabilidade da bromelina (v)

Tampão	pH	$(Abs)_{amostra}$	$v_{residual}$ (mg tirosina/min.mL)
Citrato	3,0		
	3,5		
	4,0		
	5,0		
Acetato	4,0		
	4,6		
	5,0		
	5,6		
Fosfato	6,0		
	6,5		
	7,0		
	7,5		
TRIS	7,5		
	8,0		
	8,5		

Fazer o gráfico da atividade residual *versus* pH.

3.5.1.4.2 Questões para responder

1. Por que na determinação da estabilidade da enzima frente ao pH emprega-se o termo "atividade residual"?

2. Em que intervalo de pH a bromelina é estável?

3. O valor do $pH_{ótimo}$ encontra-se dentro da faixa de estabilidade da bromelina?

4. Que tipo de informação pode ser extraída pela medida da atividade residual da enzima em valor de pH limítrofe entre tampões de composições diferentes?

3.5.1.5 Efeito do pH na atividade da urease

Determinar a atividade ureásica conforme descrito na Seção 3.4.2, exceto o pH da solução-tampão usada para dissolver a ureia, perfazendo a concentração de 0,5 M. Os valores de pH são 4,0; 4,5; 5,0; 5,5; 6,0; 6,5; 7,0; 7,5; 8,0 e 8,5 e as composições dos tampões são apresentados na Tabela 3.4.

3.5.1.5.1 Organizar e analisar os dados obtidos

Completar a Tabela 3.7 a seguir.

Tabela 3.7 Compilação dos dados de absorbância para estudar o efeito do pH sobre a atividade da urease (v)

Tampão	pH	$(Abs)_{amostra}$	v (mg NH_4^+/min.mL)
Citrato	4,0		
	4,5		
	5,0		
	5,5		
Acetato	4,0		
	4,6		
	5,0		
	5,6		
	6,0		

(continua)

Fatores que afetam a atividade enzimática

Tabela 3.7 Compilação dos dados de absorbância para estudar o efeito do pH sobre a atividade da urease (v) *(continuação)*

Tampão	pH	$(Abs)_{amostra}$	v (mg NH_4^+/min.mL)
Fosfato	6,0		
	6,5		
	7,0		
	7,5		
TRIS	7,5		
	8,0		
	8,5		

Fazer o gráfico da atividade *versus* pH.

3.5.1.5.2 Questões para responder

1. Qual é a razão de empregar soluções-tampão de composição diferente para as diferentes faixas de pH?

2. Qual é o $pH_{ótimo}$ da urease?

3. Qual é o valor da atividade ureásica no $pH_{ótimo}$?

4. Há diferença na atividade ureásica medida em pH imediatamente inferior ou superior ao $pH_{ótimo}$? Em caso afirmativo, como seria possível explicar a observação experimental?

3.5.1.6 Efeito do pH na estabilidade da urease

Preparar soluções de urease em diferentes pH usando as soluções-tampão indicadas na Tabela 3.4. Deixar as soluções tamponadas de urease em repouso por 15 minutos a 37 °C. Em seguida, avaliar a atividade ureásica residual pelo ensaio-padrão descrito na Seção 3.4.2.

OBSERVAÇÃO

A quantidade de urease dissolvida em cada solução-tampão deve, preferencialmente, ser igual à usada no ensaio-padrão.

3.5.1.6.1 Organizar e analisar os dados obtidos

Completar a Tabela 3.8 a seguir.

Tabela 3.8 Compilação dos dados de absorbância para estudar o efeito do pH sobre a estabilidade da urease (v)

Tampão	pH	$(Abs)_{amostra}$	$v_{residual}$ (mg NH_4^+/min · mL)
Citrato	4,0		
	4,5		
	5,0		
	5,5		
Acetato	4,0		
	4,6		
	5,0		
	5,6		
	6,0		
Fosfato	6,0		
	6,5		
	7,0		
	7,5		
TRIS	7,5		
	8,0		
	8,5		

Fazer o gráfico da atividade residual *versus* pH.

3.5.1.6.2 Questões para responder

1. Por que na determinação da estabilidade da enzima frente ao pH emprega-se o termo "atividade residual"?

2. Em que intervalo de pH a urease é estável?

3. O valor do $pH_{ótimo}$ encontra-se dentro da faixa de estabilidade da urease?

4. Que tipo de informação pode ser extraída pela medida da atividade residual da enzima em valor de pH limítrofe, entre tampões de composições diferentes?

Fatores que afetam a atividade enzimática

3.5.2 EFEITO DA TEMPERATURA NA ATIVIDADE E ESTABILIDADE ENZIMÁTICA

3.5.2.1 Efeito da temperatura na atividade da invertase

Determinar a atividade invertásica conforme descrito na Seção 3.4.3, com exceção da temperatura, cujos valores são 30 ºC, 35 ºC, 40 ºC, 45 ºC, 50 ºC, 55 ºC, 60 ºC ou 65 ºC. Para cada reação feita a dada temperatura, realizar o correspondente ensaio em branco (substituir a solução de invertase por 1 mL de água destilada). Para o cálculo da atividade invertásica, deve-se subtrair a absorbância do branco daquela obtida pela ação da enzima.

3.5.2.1.1 Organizar e analisar os dados obtidos

Completar a Tabela 3.9 a seguir.

Tabela 3.9 Compilação dos dados de absorbância para estudar o efeito da temperatura sobre a atividade da invertase (v)

Temperatura (°C)	$(Abs)_{amostra}$ (DO)	$(Abs)_{branco}$ (DO)	ΔAbs^* (DO)	v (mg AR/min · mL)
30				
35				
40				
45				
50				
55				
60				
65				

* $\Delta Abs = (Abs)_{amostra} - (ABS)_{branco}$.

Fazer o gráfico da atividade *versus* a temperatura.

3.5.2.1.2 Questões para responder

1. Qual é a $T_{ótima}$ da invertase para o tempo de reação de 10 minutos?

2. A variação da temperatura afeta o grau de ionização dos grupos localizados nas cadeias laterais dos aminoácidos constituintes da molécula da enzima?

3. Por que é indispensável a preparação do tubo "branco" neste estudo?

4. Quais são os efeitos da temperatura na atividade invertásica que ocorrem simultaneamente?

5. A afirmação "à medida que a temperatura da reação aumenta, o grau de desnaturação da macromolécula aumenta" é correta? Por quê?

6. Determinar a energia de ativação (E_a) da hidrólise da sacarose pela invertase entre as temperaturas de 30 °C e 40 °C.

7. O valor da E_a calculada na questão anterior é o mesmo se tivessem sido escolhidas as temperaturas 35 °C e 45 °C ou 55 °C e 65 °C?

3.5.2.2 Efeito da temperatura na estabilidade da invertase

Preparar soluções tamponadas de invertase (pH 4,6) e deixar, durante 10 minutos, nas seguintes temperaturas: 30 °C, 35 °C, 40 °C, 45 °C, 50 °C, 55 °C, 60 °C ou 65 °C. Depois, avaliar a atividade invertásica residual pelo ensaio-padrão descrito na Seção 3.4.3. Preparar um tubo "branco" (substituindo a solução da enzima por água destilada), cuja absorbância é subtraída daquelas resultantes da atividade invertásica residual de cada amostra de invertase submetida a dada temperatura pelo tempo de 10 minutos.

OBSERVAÇÃO

A quantidade de invertase dissolvida em cada solução-tampão mantida em temperatura fixa deve, preferencialmente, ser igual à usada no ensaio-padrão.

Fatores que afetam a atividade enzimática

3.5.2.2.1 Organizar e analisar os dados obtidos

Completar a Tabela 3.10 a seguir.

Tabela 3.10 Compilação dos dados de absorbância para estudar o efeito da temperatura sobre a estabilidade da invertase (v)

Temperatura (°C)	$(Abs)_{amostra}$ (DO)	$(Abs)_{branco}$ (DO)	ΔAbs^* (DO)	$v_{residual}$ (mg AR/min · mL)
30				
35				
40				
45				
50				
55				
60				
65				

* $\Delta Abs = (Abs)_{amostra} - (ABS)_{branco}$.

Fazer o gráfico da atividade residual *versus* temperatura.

3.5.2.2.2 Questões para responder

1. Por que na avaliação da estabilidade da enzima frente à temperatura a absorbância de um só tubo "branco" serve para todas as amostras?

2. Por que na determinação da estabilidade da enzima frente à temperatura emprega-se o termo "atividade residual"?

3. Qual é o intervalo de temperatura no qual a invertase é estável?

4. O valor da $T_{ótima}$ para 10 minutos de reação encontra-se dentro da faixa de estabilidade da invertase?

3.5.2.3 Efeito da temperatura na atividade da bromelina

Determinar a atividade bromelínica conforme descrito na Seção 3.4.1, com exceção da temperatura, cujos valores são 30 °C, 35 °C, 37 °C, 40 °C, 45 °C, 50 °C, 55 °C ou 60 °C. Para cada temperatura, fazer um "ensaio em branco" (substituir a solução de bromelina por 1 mL de água destilada). Serve para fixar o "zero" do espectrofotômetro antes da realização da leitura.

3.5.2.3.1 Organizar e analisar os dados obtidos

Completar a Tabela 3.11 a seguir.

Tabela 3.11 Compilação dos dados de absorbância para estudar o efeito da temperatura sobre a atividade da bromelina (v)

Temperatura (°C)	(Abs)$_{amostra}$ (DO)	v (mg tirosina/min · mL)
30		
35		
37		
40		
45		
50		
55		
60		

Fazer o gráfico da atividade *versus* a temperatura.

3.5.2.3.2 Questões para responder

1. Qual é a $T_{ótima}$ da bromelina para o tempo de reação de 10 minutos?

2. A variação da temperatura afeta o grau de ionização dos grupos localizados nas cadeias laterais dos aminoácidos constituintes da molécula de enzima?

3. Quais são os efeitos da temperatura na atividade bromelínica que ocorrem simultaneamente?

4. A afirmação "à medida que a temperatura da reação aumenta o grau de desnaturação da macromolécula não varia" é correta? Por quê?

5. Determine a energia de ativação (E_a) da hidrólise da caseína pela bromelina entre as temperaturas de 35 °C e 37 °C.

6. O valor da E_a calculada na questão anterior seria o mesmo se tivessem sido escolhidas as temperaturas 35 °C e 45 °C ou 50 °C e 60 °C?

3.5.2.4 Efeito da temperatura na estabilidade da bromelina

Preparar soluções tamponadas de bromelina (pH 7,6) e deixar, durante 10 minutos, nas seguintes temperaturas: 30 °C, 35 °C, 40 °C, 45 °C, 50 °C, 55 °C, 60 °C ou

Fatores que afetam a atividade enzimática

65 °C. Depois, avaliar a atividade bromelínica residual pelo ensaio-padrão descrito na seção 3.4.1.

> **OBSERVAÇÃO**
>
> A quantidade de bromelina dissolvida em cada solução-tampão mantida em temperatura fixa deve, preferencialmente, ser igual à usada no ensaio-padrão. ■

3.5.2.4.1 Organizar e analisar os dados obtidos

Completar a Tabela 3.12 a seguir.

Tabela 3.12 Compilação dos dados de absorbância para estudar o efeito da temperatura sobre a estabilidade da bromelina (v)

Temperatura (°C)	$(Abs)_{amostra}$ (DO)	$v_{residual}$ (mg tirosina/min · mL)
30		
35		
40		
45		
50		
55		
60		
65		

Fazer o gráfico da atividade residual *versus* temperatura.

3.5.2.4.2 Questões para responder

1. Por que, nesse caso, não são feitos tubos "brancos" para cada temperatura?

2. Por que na determinação da estabilidade da enzima frente à temperatura emprega-se o termo "atividade residual"?

80 · Guia para aulas práticas de biotecnologia de enzimas e fermentação

3. Qual é o intervalo de temperatura no qual a bromelina é estável?

4. O valor da $T_{ótima}$ para 10 minutos de reação encontra-se dentro da faixa de estabilidade da bromelina?

3.5.2.5 Efeito da temperatura na atividade da urease

Determinar a atividade conforme descrito na seção 3.4.2, com exceção da temperatura, cujos valores são 30 °C, 35 °C, 37 °C, 40 °C, 45 °C, 50 °C, 55 °C ou 60 °C.

3.5.2.5.1 Organizar e analisar os dados obtidos

Completar a Tabela 3.13 a seguir.

Tabela 3.13 Compilação dos dados de absorbância para estudar o efeito da temperatura sobre a atividade da urease (v)

Temperatura (°C)	$(Abs)_{amostra}$ (DO)	v $(mg\ NH_4^+/min \cdot mL)$
30		
35		
37		
40		
45		
50		
55		
60		

Fazer o gráfico da atividade *versus* a temperatura.

3.5.2.5.2 Questões para responder

1. Qual é a $T_{ótima}$ da urease para o tempo de reação de 10 minutos?

2. A variação da temperatura não afeta o grau de ionização dos grupos localizados nas cadeias laterais dos aminoácidos constituintes da molécula da enzima?

3. Se a urease apresentasse estrutura quaternária, a variação da temperatura promoveria mudanças conformacionais e/ou configuracionais nesse nível de organização molecular?

4. Quais são os efeitos da temperatura na atividade ureásica que ocorrem simultaneamente?

Fatores que afetam a atividade enzimática

5. A afirmação "à medida que a temperatura da reação aumenta o grau de desnaturação da macromolécula varia" é correta? Por quê?

6. Determine a energia de ativação (E_a) da hidrólise da ureia pela urease entre as temperaturas de 35 °C e 37 °C.

7. O valor da E_a calculada na questão anterior seria o mesmo se tivessem sido escolhidas as temperaturas 30 °C e 40 °C, 35 °C e 45 °C ou 50 °C e 60 °C?

3.5.2.6 Efeito da temperatura na estabilidade da urease

Preparar soluções tamponadas de urease (pH 7,0) e deixar, durante 10 minutos, nas seguintes temperaturas: 30 °C, 35 °C, 40 °C, 45 °C, 50 °C, 55 °C, 60 °C ou 65 °C. Depois, avaliar a atividade ureásica residual pelo ensaio-padrão descrito na Seção 3.4.2.

OBSERVAÇÃO

A quantidade de urease dissolvida em cada solução-tampão mantida em temperatura fixa deve, preferencialmente, ser igual à usada no ensaio-padrão.

■

3.5.2.6.1 Organizar e analisar os dados obtidos

Completar a Tabela 3.14 a seguir.

Tabela 3.14 Compilação dos dados de absorbância para estudar o efeito da temperatura sobre a estabilidade da urease (v)

Temperatura (°C)	$(Abs)_{amostra}$ (DO)	$v_{residual}$ (mg NH_4^+/min · mL)
30		
35		
40		
45		
50		
55		
60		
65		

Fazer o gráfico da atividade residual *versus* temperatura.

3.5.2.6.2 Questões para responder

1. Por que na determinação da estabilidade da enzima frente à temperatura emprega-se o termo "atividade residual"?

2. Qual é o intervalo de temperatura no qual a urease é estável?

3. O valor da $T_{ótima}$ para 10 minutos de reação encontra-se dentro da faixa de estabilidade da urease?

3.5.3 EFEITO DA FORÇA IÔNICA DO TAMPÃO NA ATIVIDADE ENZIMÁTICA

3.5.3.1 Efeito da concentração do tampão na atividade da invertase

Em um tubo, colocar 1,0 mL da solução de amostra contendo invertase e 1,0 mL de solução tamponada de sacarose 0,3 M (tampão acetato 0,05 M ou 0,2 M; pH 4,6). Misturar e deixar o tubo em banho-maria a 37 °C por 10 minutos. A seguir, adicionar 1,0 mL de solução de ácido 3,5-dinitrossalicílico, mergulhando o tubo em banho fervente por 5 minutos. Resfriar e completar o volume a 10 mL com água destilada. Homogeneizar e ler a cor da solução em espectrofotômetro (λ = 540 nm). A absorbância lida é convertida em mg de glicose por meio de uma curva-padrão feita com solução 0,2 mg/mL de glicose P.A.

3.5.3.1.1 Organizar e analisar os dados obtidos

Montar a Tabela 3.15 a seguir.

Tabela 3.15 Efeito da concentração do tampão na atividade da invertase (v)

Tampão acetato (pH 4,6)	v (mgAR/min · mL)
0,05 M	
0,2 M	

3.5.3.1.2 Questões para responder

1. A concentração do tampão afeta a atividade invertásica?

Fatores que afetam a atividade enzimática   **83**

2. A concentração de sacarose foi, a princípio, fixada em 0,3 M. Ao mudar a concentração da solução-tampão, deve-se ajustar a concentração do substrato? Justifique a resposta.

3. Seria correto afirmar que, "ao dobrar a concentração da solução-tampão, seu pH vai dobrar"? Justifique a resposta.

3.5.3.2 Efeito da concentração do tampão na atividade da bromelina

Em um tubo, colocar 1 mL da solução de amostra contendo bromelina e 8 mL de solução de caseína dissolvida em tampão fosfato pH 7,6 (0,05 M ou 0,2 M). Concentração da caseína na solução-tampão é de 10 g/L. Misturar e deixar o tubo em banho-maria a 37 °C por 10 minutos. A seguir, adicionar 1 mL de solução de ácido tricloroacético (0,1 M ou 10%), centrifugar (3.000 xg) e recolher o sobrenadante. Colocar 1 mL do sobrenadante na cubeta de 1 cm de caminho óptico e ler a absorbância da solução a 280 nm. A absorbância lida é convertida em mg de tirosina por meio de uma curva-padrão feita com solução de tirosina 1 mM.

3.5.3.2.1 Organizar e analisar os dados obtidos

Montar a Tabela 3.16 a seguir.

Tabela 3.16. Efeito da concentração do tampão na atividade da bromelina (v)

Tampão fosfato (pH 7,6)	v (mg tirosina/min · mL)
0,05 M	
0,2 M	

3.5.3.2.2 Questões para responder

1. A concentração do tampão afeta a atividade da bromelina?

2. A concentração de caseína foi, a princípio, fixada em 10 g/L. Ao mudar a concentração da solução-tampão, deve-se ajustar a concentração do substrato? Justifique a resposta.

3. Seria correto afirmar que, "ao quadruplicar a concentração da solução-tampão, seu pH vai dobrar"? Justifique a resposta.

3.5.3.3 Efeito da concentração do tampão na atividade da urease

Em um tubo, colocar 1,0 mL da solução de amostra contendo urease e 5,0 mL de solução tamponada de ureia 0,5 M. Usar tampão fosfato 0,05 M ou 0,2 M (pH 7,0).

Misturar e deixar o tubo em banho-maria a 37 °C por 5 minutos. A seguir, adicionar 5 mL de solução de ácido tricloroacético (10%). Filtrar. Diluir 1,0 mL do filtrado para 100 mL com tampão fosfato. Depois, tomar 2,0 mL da diluição e misturar com 1,0 mL de reativo de Nessler e 7,0 mL de água destilada. Homogeneizar e deixar em repouso por 15 minutos. Ler a absorbância da solução a 505 nm. A absorbância lida é convertida em mg de amônia por meio de uma curva-padrão feita com solução de sulfato de amônio 0,5 mM.

3.5.3.3.1 Organizar e analisar os dados obtidos

Montar a Tabela 3.17 a seguir.

Tabela 3.17 Efeito da concentração do tampão na atividade da urease (v)

Tampão fosfato (pH 7,0)	v (mg NH$_4^+$/min · mL)
0,05 M	
0,2 M	

3.5.3.3.2 Questões para responder

1. A concentração do tampão afeta a atividade da urease?

2. A concentração de ureia foi, a princípio, fixada em 0,5 M. Ao mudar a concentração da solução-tampão, deve-se ajustar a concentração do substrato? Justifique a resposta.

3. Seria correto afirmar que, "ao dobrar a concentração da solução-tampão, seu pH vai dobrar"? Justifique a resposta.

3.5.4 EFEITO DA CONCENTRAÇÃO INICIAL DE SUBSTRATO NA ATIVIDADE ENZIMÁTICA

3.5.4.1 Efeito da concentração de substrato na atividade da invertase

Em um tubo, colocar 1,0 mL da solução de amostra contendo invertase e 1,0 mL de solução tamponada de sacarose (tampão acetato 0,05 M; pH 4,6) na concentração de 10, 20, 40, 50, 80, 100, 120, 150, 180, 200, 250 ou 300 mM. Misturar e deixar o tubo em banho-maria a 37 °C por 10 minutos. A seguir, adicionar 1,0 mL de solução de ácido 3,5-dinitrossalicílico, mergulhando o tubo em banho fervente por 5 minutos. Depois,

Fatores que afetam a atividade enzimática 85

prosseguir como descrito na Seção 3.4.3. Para cada reação feita a dada concentração de sacarose, realizar o correspondente ensaio em branco (substituir a solução de invertase por 1 mL de água destilada). Para o cálculo da atividade invertásica, deve-se subtrair a absorbância do branco daquela obtida pela ação da enzima.

3.5.4.1.1 Organizar e analisar os dados obtidos

Dispor os dados obtidos na Tabela 3.18 a seguir.

Tabela 3.18 Efeito da concentração inicial de sacarose na atividade da invertase

Sacarose (S)	ABS_{am}	ABS_{br}	ΔABS^*	v	1/S	1/v
(mM)	(DO)	(DO)	(DO)	(mg AR/min · mL)	$(mM)^{-1}$	(min · mL/mgAR)
10					0,1	
20					0,05	
40					0,025	
50					0,02	
80					0,0125	
100					0,01	
120					0,0083	
150					0,0067	
180					0,0056	
200					0,0050	
250					0,0040	
300					0,0033	

* $\Delta ABS = (ABS_{am} - ABS_{br})$.

Fazer os gráficos v = f(S) e (1/v) = f(1/S).

3.5.4.1.2 Questões para responder

1. Os perfis das curvas v = f(S) e $\left(\dfrac{1}{v}\right) = f\left(\dfrac{1}{S}\right)$ são iguais? Por quê?

2. Quais são os valores das constantes cinéticas ($V_{máx}$ e K_M) da invertase?

3. Qual é a concentração de sacarose frente à qual a atividade invertásica é igual à metade da velocidade máxima ($V_{máx}$)?

86   *Guia para aulas práticas de biotecnologia de enzimas e fermentação*

4. Qual é a concentração mínima de sacarose a partir da qual se tem $V_{máx}$ para a invertase?

5. Neste experimento, as velocidades frente às concentrações iniciais de sacarose foram medidas a 37 °C. Se a temperatura fosse 42 °C, os valores das velocidades permaneceriam inalterados? Justifique a resposta.

3.5.4.2 Efeito da concentração de substrato na atividade da bromelina

Em um tubo, colocar 1 mL da solução de amostra contendo bromelina e 8 mL de solução de caseína dissolvida em tampão fosfato 0,2 M, pH 7,5, na concentração de 2,0; 4,0; 6,0; 8,0; 10,0; 12,0; 14,0; 16,0; 18,0 ou 20,0 mg/mL. Misturar e deixar o tubo em banho-maria a 37 °C por 10 minutos. A seguir, adicionar 1 mL de solução de ácido tricloroacético (0,1 M ou 10%), centrifugar (3.000 xg) e recolher o sobrenadante. Depois, prosseguir conforme descrito na Seção 3.4.1.

3.5.4.2.1 Organizar e analisar os dados obtidos

Dispor os dados obtidos na Tabela 3.19 a seguir.

Tabela 3.19   Efeito da concentração inicial de caseína na atividade da bromelina

Caseína (S)	ABS_{280}	v	1/S	1/v
(mg/mL)	(DO)	(mg tirosina/min · mL)	(mL/mg)	(min · mL/mg tirosina)
2,0			0,5	
4,0			0,25	
6,0			0,167	
8,0			0,125	
10,0			0,1	
12,0			0,0833	
14,0			0,0714	
16,0			0,0625	
18,0			0,0556	
20,0			0,05	

Fazer os gráficos v = f(S) e (1/v) = f(1/S).

Fatores que afetam a atividade enzimática

3.5.4.2.2 Questões para responder

1. Os perfis das curvas $v = f(S)$ e $\left(\dfrac{1}{v}\right) = f\left(\dfrac{1}{S}\right)$ são iguais? Por quê?

2. Quais são os valores das constantes cinéticas ($V_{máx}$ e K_M) da bromelina?

3. Qual é a concentração de caseína frente à qual a atividade bromelínica é igual à metade da velocidade máxima ($V_{máx}$)?

4. Qual é a concentração mínima de caseína a partir da qual se tem $V_{máx}$ para a bromelina?

5. Neste experimento, as velocidades frente às concentrações iniciais de caseína foram medidas a 37 °C. Se a temperatura fosse 45 °C, os valores das velocidades permaneceriam inalterados? Justifique a resposta.

3.5.4.3 Efeito da concentração de substrato na atividade da urease

Em um tubo, colocar 1,0 mL da solução de amostra contendo urease e 5,0 mL de solução tamponada de ureia 0,01; 0,03; 0,06; 0,08; 0,1; 0,15; 0,2; 0,25; 0,35; 0,4; 0,45 ou 0,5 M. Misturar e deixar o tubo em banho-maria a 37 °C por 5 minutos. A seguir, adicionar 5 mL de solução de ácido tricloroacético (10%). Depois, prosseguir como descrito na Seção 3.4.2.

3.5.4.3.1 Organizar e analisar os dados obtidos

Dispor os dados obtidos na Tabela 3.20 a seguir.

Tabela 3.20 Efeito da concentração inicial de ureia na atividade da urease

Ureia (S)	ABS_{505}	v	1/S	1/v
(M)	(DO)	(mg NH_4^+/min · mL)	$(M)^{-1}$	(mg NH_4^+/min · mL)$^{-1}$
0,01			100	
0,03			33,3	
0,06			16,7	
0,08			12,5	
0,1			10	
0,15			6,67	
0,20			5	

(continua)

Tabela 3.20 Efeito da concentração inicial de ureia na atividade da urease *(continuação)*

Ureia (S)	ABS$_{505}$	v	1/S	1/v
(M)	(DO)	(mg NH$_4^+$/min · mL)	(M)$^{-1}$	(mg NH$_4^+$/min · mL)$^{-1}$
0,25			4	
0,35			2,86	
0,40			2,5	
0,45			2,22	
0,50			2	

Fazer os gráficos $v = f(S)$ e $\left(\dfrac{1}{v}\right) = f\left(\dfrac{1}{S}\right)$.

3.5.4.3.2 Questões para responder

1. Os perfis das curvas $v = f(S)$ e $\left(\dfrac{1}{v}\right) = f\left(\dfrac{1}{S}\right)$ são iguais? Por quê?

2. Quais são os valores das constantes cinéticas ($V_{máx}$ e K_M) da urease?

3. Qual é a concentração de ureia frente à qual a atividade ureásica é igual à metade da velocidade máxima ($V_{máx}$)?

4. Qual é a concentração mínima de ureia a partir da qual se tem $V_{máx}$ para a urease?

5. Neste experimento, as velocidades frente às concentrações iniciais de urease foram medidas a 37 °C. Se a temperatura fosse 45 °C, os valores das velocidades permaneceriam inalterados? Justifique a resposta.

3.5.5 EFEITO CONJUGADO pH-TEMPERATURA NA ATIVIDADE ENZIMÁTICA

3.5.5.1 Efeito conjugado pH-temperatura na atividade da invertase

Em um tubo, colocar 1,0 mL da solução de amostra contendo invertase e 1,0 mL de solução tamponada de sacarose 0,3 M (tampão acetato 0,05 M; pH 4,6 ou 5,0). Misturar e deixar o tubo em banho-maria a 30 °C, 35 °C, 40 °C, 45 °C, 50 °C, 55 °C, 60 °C ou 65 °C por 10 minutos. A seguir, adicionar 1,0 mL de solução de ácido 3,5-dinitrossalicílico, mergulhando o tubo em banho fervente por 5 minutos. Depois, prosseguir como descrito na Seção 3.4.3. Para cada reação feita a dada temperatura, realizar o correspondente ensaio em branco (substituir a solução de invertase por 1 mL de água

Fatores que afetam a atividade enzimática

destilada). Para o cálculo da atividade invertásica, deve-se subtrair a absorbância do branco daquela obtida pela ação da enzima.

3.5.5.1.1 Organizar e analisar os dados obtidos

Dispor os dados obtidos na Tabela 3.21 a seguir.

Tabela 3.21 Compilação de dados para avaliar o eventual efeito integrado pH-temperatura sobre a atividade da invertase (v)

Temperatura (°C)	ΔABS* (DO)		v (mg AR/min · mL)	
	pH 4,6	pH 5,0	pH 4,6	pH 5,0
30				
35				
40				
45				
50				
55				
60				
65				

* $\Delta ABS = (ABS_{lida} - ABS_{branco})$.

Fazer o gráfico v = f(T) envolvendo as curvas em cada um dos valores de pH considerados.

3.5.5.1.2 Questões para responder

1. O comportamento da atividade invertásica frente à variação da temperatura depende do pH do meio reacional? Justifique a resposta.

2. Se o efeito conjugado pH-temperatura fosse detectado, haveria alguma explicação plausível para o fenômeno?

3. Descreva os perfis das curvas obtidas, indicando e explicando, na medida do possível, as eventuais diferenças entre elas (por exemplo, a temperatura frente à qual a atividade enzimática atingiu o maior valor).

4. Por que se propõe a realização de um ensaio "em branco" para cada temperatura empregada?

5. Qual é a importância prática da avaliação do efeito conjugado pH-temperatura sobre a atividade da invertase?

3.5.5.2 Efeito conjugado pH-temperatura na atividade da bromelina

Em um tubo, colocar 1 mL da solução de amostra contendo bromelina e 8 mL de solução de caseína dissolvida em tampão fosfato 0,2 M, pH 7,5 ou 8,0. Misturar e deixar o tubo em banho-maria a 35 °C, 37 °C, 40 °C, 45 °C, 50 °C, 55 °C ou 60 °C por 10 minutos. A seguir, adicionar 1 mL de solução de ácido tricloroacético (0,1 M ou 10%), centrifugar (3.000 xg) e recolher o sobrenadante. Depois, prosseguir como descrito na Seção 3.4.1.

3.5.5.2.1 Organizar e analisar os dados obtidos

Dispor os dados obtidos na Tabela 3.22 a seguir.

Tabela 3.22 Compilação de dados para avaliar o eventual efeito integrado pH-temperatura sobre a atividade da bromelina (v)

Temperatura (°C)	ABS$_{280}$ (DO)		v (mg tirosina/min · mL)	
	pH 7,5	pH 8,0	pH 7,5	pH 8,0
30				
35				
37				
40				
45				
50				
55				
60				

Fazer o gráfico v = f(T) envolvendo as curvas em cada um dos valores de pH considerados.

3.5.5.2.2 Questões para responder

1. O comportamento da atividade bromelínica frente à variação da temperatura depende do pH do meio reacional? Justifique a resposta.

Fatores que afetam a atividade enzimática

2. Se o efeito conjugado pH-temperatura fosse detectado, haveria alguma explicação plausível para o fenômeno?

3. Descreva os perfis das curvas obtidas, indicando e explicando, na medida do possível, as eventuais diferenças entre elas (por exemplo, a temperatura frente à qual a atividade enzimática atingiu o maior valor).

4. Por que não há necessidade de efetuar um ensaio "em branco" para cada temperatura empregada?

5. Qual é a importância prática da avaliação do efeito conjugado pH-temperatura sobre a atividade da bromelina?

3.5.5.3 Efeito conjugado pH-temperatura na atividade da urease

Em um tubo, colocar 1,0 mL da solução de amostra contendo urease e 5,0 mL de solução tamponada de ureia 0,5 M (tampão fosfato 0,2 M; pH 7,0 ou 7,5). Misturar e deixar o tubo em banho-maria a 30 °C, 35 °C, 37 °C, 40 °C, 45 °C, 50 °C, 55 °C ou 60 °C por 5 minutos. A seguir, adicionar 5 mL de solução de ácido tricloroacético (10%). Filtrar. Diluir 1,0 mL do filtrado para 100 mL com tampão fosfato 0,2 M (pH 7,0). Depois, tomar 2,0 mL da diluição e misturar com 1,0 mL de reativo de Nessler e 7,0 mL de água destilada. Prosseguir como descrito na Seção 3.4.2.

3.5.5.3.1 Organizar e analisar os dados obtidos

Dispor os dados obtidos na Tabela 3.23 a seguir.

Tabela 3.23 Compilação de dados para avaliar o eventual efeito integrado pH-temperatura sobre a atividade da urease (v)

Temperatura (°C)	ABS_{505} (DO)		v (mg NH_4^+/min · mL)	
	pH 7,0	pH 7,5	pH 7,0	pH 7,5
30				
35				
37				
40				
45				
50				
55				
60				

Fazer o gráfico v = f(T) envolvendo as curvas em cada um dos valores de pH considerados.

3.5.5.3.2 Questões para responder

1. O comportamento da atividade ureásica frente à variação da temperatura depende do pH do meio reacional? Justifique a resposta.

2. Se o efeito conjugado pH-temperatura fosse detectado, haveria alguma explicação plausível para o fenômeno?

3. Descreva os perfis das curvas obtidas, indicando e explicando, na medida do possível, as eventuais diferenças entre elas (por exemplo, a temperatura frente à qual a atividade enzimática atingiu o maior valor).

4. Por que não há necessidade de efetuar um ensaio "em branco" para cada temperatura empregada?

5. Qual é a importância prática da avaliação do efeito conjugado pH-temperatura sobre a atividade da urease?

6. A substituição da ureia pelo NH_4Cl permitiria obter resultados semelhantes em relação ao efeito conjugado pH-temperatura? Justifique.

3.5.6 EFEITO DE INIBIDORES NA ATIVIDADE ENZIMÁTICA

3.5.6.1 Efeito do inibidor na atividade da invertase

Fazer o ensaio controle como segue: em um tubo, colocar 1,0 mL da solução de amostra contendo invertase e 1,0 mL de solução tamponada de sacarose (tampão acetato 0,05 M; pH 4,6) na concentração de 10, 20, 40, 50, 80, 100, 120, 150, 180, 200, 250 ou 300 mM. Misturar e deixar o tubo em banho-maria a 37 °C por 10 minutos. Adicionar 1,0 mL de solução de ácido 3,5-dinitrossalicílico, mergulhando o tubo em banho fervente por 5 minuto. Prosseguir como descrito na Seção 3.4.3.

Repetir este ensaio adicionando a cada solução de sacarose o inibidor cloreto de zinco, perfazendo a concentração de 20 µM em íons Zn^{2+}. Pode-se substituir o $ZnCl_2$ por anilina ou ácido aminobenzoico na mesma concentração.

Para cada reação feita a dada concentração de sacarose com e sem $ZnCl_2$, fazer o correspondente ensaio em branco (substituir a solução de invertase por 1 mL de água destilada). Para o cálculo da atividade invertásica na presença ou ausência de inibidor, deve-se subtrair a absorbância do branco daquela obtida pela ação da enzima.

Fatores que afetam a atividade enzimática

3.5.6.1.1 Organizar e analisar os dados obtidos

Dispor os dados obtidos na Tabela 3.24 a seguir.

Tabela 3.24 Compilação de dados para avaliar o efeito inibitório do Zn^{2+} (anilina ou ácido amino-benzoico) sobre a atividade da invertase (v)

Sacarose (mM)	v (mg AR/min · mL)	$v_{inibidor}$ (mg AR/min · mL)
10		
20		
40		
50		
80		
100		
120		
150		
180		
200		
250		
300		

Fazer o gráfico v = f (S) na presença e na ausência da substância inibidora.

3.5.6.1.2 Questões para responder

1. O $ZnCl_2$ exerce efeito inibitório sobre a atividade da invertase?

2. O experimento permitiu estabelecer o tipo de inibição provocado pelo $ZnCl_2$?

3. Calcule o grau de inibição provocado pelo $ZnCl_2$ na atividade da invertase.

4. Se o $ZnCl_2$ fosse substituído por anilina ou ácido aminobenzoico, o efeito inibitório de mesma intensidade e de tipo semelhante poderia ser esperado? Justifique.

5. Analisando os dados do experimento executado, seria possível calcular a constante de inibição (K_i) do $ZnCL_2$?

3.5.6.2 Efeito do inibidor na atividade da urease

Fazer o ensaio controle como segue: em um tubo, colocar 1,0 mL da solução de amostra contendo urease e 5,0 mL de solução tamponada de ureia 0,01; 0,03; 0,06; 0,08; 0,1; 0,15; 0,2; 0,25; 0,35; 0,4; 0,45 ou 0,5 M (tampão fosfato 0,2 M; pH 7,0). Misturar e

94   *Guia para aulas práticas de biotecnologia de enzimas e fermentação*

deixar o tubo em banho-maria a 37 °C por 5 minutos. Adicionar 5 mL de solução de ácido tricloroacético (10%). Prosseguir como descrito na Seção 3.4.2.

Repetir este ensaio adicionando a cada solução de ureia o inibidor tioureia, perfazendo a concentração de 10 µM. Pode-se substituir a tioureia pela hidroxiureia ou fenilureia.

3.5.6.2.1 Organizar e analisar os dados obtidos

Dispor os dados obtidos na Tabela 3.25 a seguir.

Tabela 3.25   Compilação de dados para avaliar o efeito inibitório da tioureia (hidroxiureia ou fenilureia) sobre a atividade da urease (v)

Ureia (mM)	v (mg NH_4^+/min · mL)	$v_{inibidor}$ (mg NH_4^+/min · mL)
10		
30		
60		
80		
100		
150		
200		
250		
350		
400		
450		
500		

Fazer o gráfico v = f (S) na presença e na ausência da substância inibidora.

3.5.6.2.2 Questões para responder

1. A tioureia exerce efeito inibitório sobre a atividade da urease?

2. O experimento permitiu estabelecer o tipo de inibição provocado pela tioureia?

3. Calcule o grau de inibição provocado pela tioureia na atividade da urease.

4. Analisando os dados do experimento executado, seria possível calcular a constante de inibição (K_i) da tioureia?

5. Caso a tioureia fosse substituída por hidroxiureia ou fenilureia, o efeito inibitório de mesma intensidade e de tipo semelhante poderia ser esperado? Justifique.

Fatores que afetam a atividade enzimática

3.6 QUESTÕES DE REVISÃO E FIXAÇÃO

1. Quais são as formas de apresentação mais comuns dos preparados enzimáticos?

2. A afirmação "A adição de substância preservativa na composição de um preparado enzimático é indispensável, quando ele é apresentado na forma de pó seco" está correta? Por quê?

3. Entre os fatores que interferem na atividade enzimática citados abaixo, aquele que pode ser considerado de ação deslocalizada é:

   ( ) a coenzima.   ( ) o íon metálico.

   ( ) o inibidor reversível competitivo.   ( ) a temperatura.

   ( ) o inibidor irreversível.

4. Defina inibidor enzimático.

5. Quais são os tipos básicos de inibição reversível?

6. Assinale a afirmação correta:

   ( ) A concentração inicial de substrato não afeta a atividade enzimática.

   ( ) A $V_{máx}$ depende da temperatura da reação na qual é determinada.

   ( ) A equação de Arrhenius pode ser escrita simplificadamente desta forma:

   $$k = \frac{(K_M \cdot K_i)}{E_a}.$$

   ( ) Na inibição reversível não competitiva, substrato e inibidor excluem-se mutuamente.

   ( ) Quando $K_M = 5S$, então $V_{máx} = 2 \cdot v$.

7. Qual é a diferença entre os conceitos de atividade e estabilidade de uma enzima frente à temperatura ou pH?

8. Defina energia de ativação para uma reação catalisada por enzima.

9. Se a equação de Arrhenius é $k = A \cdot e^{(-Ea/RT)}$, seria **incorreto** afirmar:

   ( ) R corresponde à constante universal dos gases (também chamada de constante de Clapeyron).

   ( ) k representa a constante cinética da reação.

   ( ) Ea é a energia de ativação.

   ( ) T simboliza a temperatura absoluta.

   ( ) A significa constante de proporcionalidade.

10. À medida que a temperatura de uma reação catalisada por enzima é aumentada, é correto afirmar:

    ( ) A energia térmica favorece o rompimento das ligações amida entre os aminoácidos glicina e triptofano constituintes da estrutura primária da enzima.

( ) A velocidade da reação dobra a cada aumento de 10 °C na temperatura.

( ) A ativação e a desnaturação são eventos que ocorrem simultaneamente.

( ) O efeito da temperatura na atividade da enzima é mais acentuado quando o meio de reação for alcalino.

( ) A $V_{máx}$ da reação permanece praticamente constante.

11. A atividade específica de uma solução de enzima é 100 U/mg de proteína, e 1 mL da solução contém 20 mg de proteína. Calcule a atividade total de 50 µL da solução.

12. Dois microgramas de enzima pura (MM = 250 kDa) catalisaram uma reação com uma velocidade de 2,0 µmol/min nas condições ótimas de reação (pH, temperatura, agitação etc.). Calcule a atividade específica da enzima em termos de U/mg de proteína e U/mol.

13. Seja a equação de velocidade para uma enzima que catalisa a transformação de 1 mol de substrato em 1 mol de produto: $v = (V_{máx} \cdot S) \div (K_M + S)$. Sabendo que $S = 5 \cdot K_M$ e $S = 8 \cdot K_M$, assinale a alternativa correta:

( ) $v = \dfrac{V_{máx}}{2}$ e $v = \left(\dfrac{6}{5}\right) \cdot V_{máx}$ 　　　( ) $v = V_{máx}$ e $v = \left(\dfrac{2}{3}\right) \cdot V_{máx}$

( ) $v = \left(\dfrac{5}{6}\right) \cdot V_{máx}$ e $v = 2 \cdot V_{máx}$ 　　　( ) $v = \left(\dfrac{5}{6}\right) \cdot V_{máx}$ e $v = \left(\dfrac{8}{9}\right) \cdot V_{máx}$

( ) $v = \left(\dfrac{5}{8}\right) \cdot V_{máx}$ e $v = \left(\dfrac{8}{6}\right) \cdot V_{máx}$

3.7 BIBLIOGRAFIA

BON, E. P. S.; FERRARA, M. A.; CORVO, M. L. **Enzimas em biotecnologia**. Rio de Janeiro: Interciência, 2008.

BORZANI, W. et al. **Biotecnologia industrial:** fundamentos. São Paulo: Blucher, 2001. v. 1.

PURICH D. L. **Enzyme kinetics**. Amsterdam: Academic Press, 2010.

SAID, S.; PIETRO, R. C. L. R. **Enzimas como agentes biotecnológicos**. Ribeirão Preto: Legis Summa, 2014.

SEGEL, I. H. **Bioquímica:** teoria e problemas. Rio de Janeiro: LTC, 1976.

VILLELA, G. G.; BACILLA, M.; TASTALDI, H. **Técnicas e experimentos de bioquímica**. Rio de Janeiro: Guanabara Koogan, 1973.

VITOLO, M. et al. **Biotecnologia farmacêutica:** aspectos sobre aplicação industrial. São Paulo: Blucher, 2015.

CAPÍTULO 4
IMOBILIZAÇÃO: TIPOS E TÉCNICAS

4.1 OBJETIVO

Apresentar os princípios básicos relativos à técnica da imobilização de biocatalisadores (enzimas e células), mediante a proposição de temas práticos relacionados com tipos particulares de imobilização.

4.2 TEORIA

4.2.1 INTRODUÇÃO

Já é de longa data o conhecimento das potencialidades do uso de enzimas livres como biocatalisadores em diversos processos industriais, frente ao emprego de catalisadores químicos convencionais. O Quadro 4.1 a seguir apresenta um comparativo entre essas duas classes de catalisadores.

Quadro 4.1 Comparação entre enzimas e catalisadores químicos

Parâmetro	Enzima	Catalisador químico
Velocidade da reação	Elevada	Baixa a mediana
Energia de ativação	Baixa	Elevada
Especificidade ao substrato	Elevada	Baixa
Recuperação do catalisador	Difícil	Depende do tipo de catalisador*

(continua)

Quadro 4.1 Comparação entre enzimas e catalisadores químicos *(continuação)*

Parâmetro	Enzima	Catalisador químico
Formação de subprodutos	Baixa	Depende do tipo de catalisador**
Atividade catalítica em temperatura ambiente	De baixa a elevada	Baixa
Natureza da estrutura	Complexa	Simples
Sensibilidade a temperatura e pH	Elevada	Baixa
Necessidade de cofatores	Depende***	Não
Forma de condução do processo	Batelada	Batelada ou contínuo
Condições de temperatura, pressão e pH do processo	Suaves	Geralmente drásticas
Natureza do efluente gerado	Composição simples e de menor impacto ambiental	Composição complexa e de maior impacto ambiental
Custo de obtenção	Elevado	Moderado

* Catalisador solúvel (recuperação difícil) ou insolúvel (recuperação fácil).

** Grau de especificidade do catalisador (tipo quirálico ou não).

*** Há enzimas que requerem íons ou coenzimas como cofatores (por exemplo, a glicose isomerase requer Mg^{+2}, enquanto a álcool desidrogenase requer NAD/NADH) e outras não.

Alguns parâmetros citados no Quadro 4.1, em especial o custo de obtenção e a dificuldade de reaproveitamento da enzima, quando dissolvida no meio reacional, limitaram drasticamente seu emprego como catalisadores em processos industriais durante muitas décadas.

Para solucionar o problema da reutilização das enzimas, foi desenvolvida a técnica de imobilização, que consiste em ligar o biocatalisador a materiais (suportes) insolúveis e inertes por meio de meios químico (formação de ligação covalente), físico (aprisionamento em hidrogéis) ou físico-químico (adsorção).

A ideia da imobilização remonta ao ano de 1916, quando Nelson e Griffin demonstraram a viabilidade de adsorver a invertase em carvão ativado, sem perda apreciável da atividade enzimática inicial. Por razões relacionadas à falta de conhecimentos teórico-práticos sobre as enzimas, a imobilização não vingou – na época, não se sabia a natureza química das enzimas, estabelecida por Sumner em 1926, e conhecia-se apenas duas enzimas (invertase e amilase). Isso ficou latente até 1960, quando Katchalski introduziu os primeiros suportes adequados para sua aplicação. A partir dessa época, a técnica da imobilização de enzimas desenvolveu-se celeremente.

Imobilização: tipos e técnicas

No Quadro 4.2 a seguir são comparadas as vantagens e as desvantagens da técnica.

Quadro 4.2 Enzimas imobilizadas: vantagens *versus* desvantagens

Vantagens	Desvantagens
Redução do custo da mão de obra em virtude do uso do processo contínuo.	Perda da atividade catalítica durante a imobilização.
Reaproveitamento.	Aleatoriedade da interação enzima-suporte.
Aumento da termoestabilidade.	Inexistência de um método geral de imobilização.
Uso de processos contínuos.	Limitações difusionais e modificações conformacionais.
Efluente e produto isentos do catalisador.	O tipo da imobilização escolhida deve levar em conta as características da reação a ser executada.
Diversificação do uso das enzimas e dos tipos de reatores enzimáticos.	Custo alto das enzimas puras, quando se realiza a imobilização da enzima no suporte por meio de ligação covalente.

Merecem comentários as desvantagens da imobilização relacionadas aos efeitos da aplicação da técnica na atividade catalítica da enzima. É natural esperar que, ao confinar a enzima no interior de um material semipermeável ou realizar sua ligação a um suporte, ocorram dificuldades para o acesso do substrato ao sítio ativo, diminuindo sua atividade catalítica. Entre os vários efeitos que a imobilização pode causar, destacam-se: (a) os efeitos estéricos, em que a enzima interage com o suporte por meio de grupos reativos do seu sítio catalítico e/ou do sítio de ligação, e conformacionais, em que a estrutura terciária e/ou quaternária sofre modificações na disposição espacial de grupos químicos essenciais para a catálise; (b) os efeitos difusionais que reduzem o desempenho catalítico por dificultar o encontro entre as moléculas da enzima imobilizada com as do substrato; (c) o efeito do microambiente que resulta da partição de espécies químicas (íons hidrônios, moléculas de substrato, entre outras) entre a região na qual as moléculas de enzima se encontram confinadas e/ou ligadas ao suporte – o microambiente – e o seio da solução. Este último efeito ocorre sempre que a enzima é ligada covalentemente a um suporte com carga eletrostática. A partição dos íons hidrônios entre o microambiente e o seio da solução, por exemplo, pode levar a um gradiente de pH entre essas regiões, podendo submeter as moléculas da enzima a um pH diferente do ótimo.

A utilização das técnicas de imobilização tem sido crescente nos últimos vinte anos e, com isso, novas informações teóricas e aplicações práticas estão surgindo. O uso de biocatalisadores imobilizados também é crescente em escala industrial, especialmente nas indústrias químico-farmacêutica e alimentícia. Por conseguinte, há dois tipos básicos de imobilização: por aprisionamento e por ligações químicas não covalentes (adsorção; por meio da ligação eletrostática e/ou iônica) e covalentes, em que a interação ocorre entre moléculas (agregação das moléculas por meio de reagente bifuncional como o glutaraldeído) ou entre um suporte insolúvel e as moléculas de enzima.

Na Figura 4.1 a seguir são apresentados os principais tipos de imobilização.

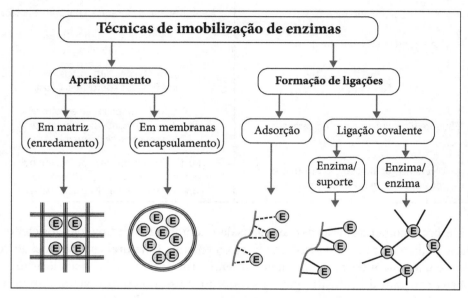

Figura 4.1 Principais tipos de imobilização.

4.2.2 ENCAPSULAMENTO

Basicamente, os métodos de aprisionamento (encapsulamento e enredamento) não envolvem a formação de ligações químicas da enzima ao suporte, sendo, portanto, menos agressivos à estrutura da enzima. Por sua vez, os métodos que envolvem a formação de ligações, especialmente as covalentes, são mais agressivos à estrutura da enzima em virtude das condições mais drásticas de reação (reagentes químicos, temperatura, entre outras) para promover a formação de ligações covalentes.

Com o intuito de propor algumas práticas sobre a técnica da imobilização, dá-se ênfase às técnicas de imobilização por aprisionamento em hidrogel de alginato de cálcio e por adsorção em resinas de troca iônica.

O alginato é um polímero extraído da parede celular de algas marinhas pardas da classe *Phaeophyta*. Os alginatos comerciais são vendidos, principalmente, sob forma de sais de sódio. Em meio aquoso, podem formar uma solução coloidal viscosa, um gel ou um precipitado, de acordo com a força iônica e o pH do meio. A gelificação, em particular, ocorre quando certos sais divalentes estão presentes, notadamente o cálcio.

A imobilização de enzimas em alginato de cálcio emprega o método de encapsulamento (método físico), em que a enzima fica imobilizada no interior de esferas, cujo envoltório é constituído de um polímero geliforme e semipermeável. Trata-se de um método simples, rápido e não agressivo à estrutura da molécula enzimática. A técnica consiste em preparar uma solução contendo moléculas de enzima em alginato de sódio. Em seguida, procede-se ao gotejamento dessa solução em solução de cloreto de cálcio, onde se formam esferas de alginato de cálcio. A Figura 4.2 a seguir ilustra pictoricamente a técnica descrita.

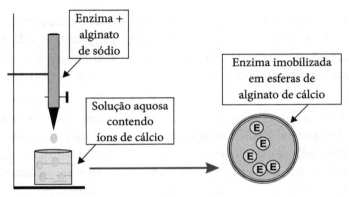

Figura 4.2 Esquema genérico referente à imobilização de enzima por encapsulamento em hidrogel de alginato de cálcio.

Entre as desvantagens do uso desse polímero como suporte destacam-se sua instabilidade química na presença de agentes quelantes do íon cálcio (como fosfatos, lactato, EDTA e citrato), a tendência das esferas em sofrer dilatação na presença de íons monovalentes e as limitações impostas à transferência de substratos e produtos por meio da membrana de alginato de cálcio, os quais devem ter massa molar pequena. Deve-se acrescentar a isso, o fato de que a massa molar da enzima aprisionada não deve ser inferior a 200 kDa. Geralmente, enzimas de massa molar menor tendem a escapar do interior das esferas de alginato de cálcio.

4.2.2.1 Encapsulamento de células

Além da imobilização de enzimas, passou a ter interesse industrial, nas últimas décadas, a imobilização de células. O uso de sistemas com células imobilizadas tem sido considerado como uma alternativa viável para aumentar a produtividade de processos fermentativos – fermentação alcoólica, por exemplo – em razão das elevadas densidades celulares geralmente obtidas. A imobilização de células apresenta algumas vantagens em relação à imobilização de enzimas, com destaque para a redução de custos relacionados a extração, purificação e imobilização da enzima.

As técnicas empregadas para a imobilização de células envolvem contenção de células no interior de membranas semipermeáveis (aprisionamento), adsorção em matrizes porosas (cerâmicas, pedra-pomes, por exemplo), autoagregação e, mais raramente, por ligação covalente em suporte inerte insolúvel. A título de exemplo, são propostos alguns protocolos de aulas práticas com células de levedura – *Saccharomyces cerevisiae* – imobilizadas por aprisionamento em alginato de cálcio.

4.2.3 LIGAÇÃO EM RESINAS DE TROCA IÔNICA

Muitos produtos de origem natural e sintética apresentam propriedades de troca iônica. Entre as resinas trocadoras de íons, a mais importante é a do tipo orgânica. A troca iônica pode ser definida como sendo o intercâmbio reversível de íons entre um sólido e um líquido, durante o qual não ocorre alteração substancial na estrutura da fase sólida.

Uma resina trocadora de íons pode ser visualizada como uma rede hidrocarbônica tridimensional e elástica, à qual são ligados grupos químicos ionizáveis responsáveis, em última análise, pelo seu comportamento químico. As estabilidades química, térmica e mecânica da resina devem-se, principalmente, à estrutura da matriz, ao grau de intercruzamento, à natureza e ao número de grupos ionizáveis.

A natureza da rede hidrocarbônica afeta o comportamento trocador de íons da resina em grau, mas não no tipo de íon intercambiado. A rede hidrocarbônica deve ser resistente a oxidação, redução e tensão mecânica, bem como ser insolúvel nos solventes orgânicos comuns e constituída de partículas esféricas, que favorecem as propriedades hidráulicas do material.

O grau de intercruzamento, por sua vez, determina a largura dos poros da matriz polimérica e, em consequência, a capacidade de intumescimento e a mobilidade dos contraíons na resina. O intumescimento é a capacidade de retenção do solvente pelos grupos polares e iônicos constituintes do material do suporte, que se expande até o ponto em que a resistência do material compensa a tendência de expansão, estabelecendo, assim, o chamado **equilíbrio de intumescimento**.

Quanto ao tipo de grupos ionizáveis, estes determinam seu comportamento (aniônico ou catiônico), sendo o número desses grupos o responsável por capacidade e seletividade da resina.

Assim, vários tipos de resinas trocadoras de íons com propriedades diferentes podem ser preparados, variando-se a natureza e o grau de ligações cruzadas, como também a natureza e o número de grupos ionizáveis. Uma rede com essas características pode ser conseguida por meio da copolimerização do estireno com o divinilbenzeno, que são os componentes das resinas comerciais DOWEX[*].

Imobilização: tipos e técnicas

4.2.3.1 Resinas DOWEX®

Dentre as várias propriedades químicas do DOWEX®, a seletividade – capacidade da resina selecionar os íons a serem trocados – é uma das mais importantes, sendo dependente de temperatura, pressão, tipo de grupos funcionais ligados ao copolímero estireno-divinilbenzeno, valência e natureza dos íons a serem trocados, presença na solução de íons estranhos ao intercambiamento, carga da resina e força iônica total da solução.

As propriedades dessas resinas podem ser alteradas pela variação do tamanho das partículas e pelo número de ligações cruzadas na cadeia hidrocarbônica. Em geral, diminuindo o tamanho das partículas, aumenta-se sua estabilidade física, diminui-se o tempo para o estabelecimento do equilíbrio, quando em contato com uma solução, reduzem-se os problemas de difusão e aumenta-se a eficiência de troca por unidade de volume ou massa da resina.

A variação do grau de ligações cruzadas da resina, conforme mencionado anteriormente, afeta primordialmente sua intensidade de intumescimento. O grau de intercruzamento de um copolímero estireno-divinilbenzeno está relacionado exclusivamente à fração de divinilbenzeno presente na estrutura da resina.

Assim, as resinas DOWEX® contendo 2% (código 1X2), 4% (código 1X4) e 8% (código 1X8) de ligações cruzadas são formadas por partículas contendo 2%, 4% e 8% de divinilbenzeno e 98%, 96% e 92% de estireno, respectivamente. O divinilbenzeno é o responsável pela conformação tridimensional da rede polimérica e por sua insolubilidade em solventes comuns. Quanto maior o grau de intercruzamento menor é a capacidade da resina expandir em meio aquoso, de tal sorte que resinas contendo intercruzamento acima de 30% não se prestam ao intercambiamento de íons.

O DOWEX® como suporte para imobilização de biocatalisadores merece atenção, haja vista suas qualidades inerentes e comprovadas de fácil regeneração/recuperação, estabilidade, atoxicidade, disponibilidade no mercado, condições brandas no uso, alta capacidade para trocar íons e reter macromoléculas, sobretudo as de natureza proteica, diversidade de aplicação ao longo dos últimos sessenta anos. Este último com ênfase em técnicas de cromatografia industrial para purificação, concentração e fracionamento de ampla gama de substâncias iônicas ou com momento dipolar, e com grande utilidade nos processos de dessalinização e adsorção de gases.

4.2.4 QUITOSANA

A quitosana é um derivado resultante da remoção de grupos acetila da quitina em meio alcalino concentrado e em alta temperatura (Figura 4.3). A quitina é um polissacarídeo amplamente encontrado na natureza, sendo o principal constituinte do exoesqueleto de crustáceos e insetos e da parede celular de muitas bactérias e fungos.

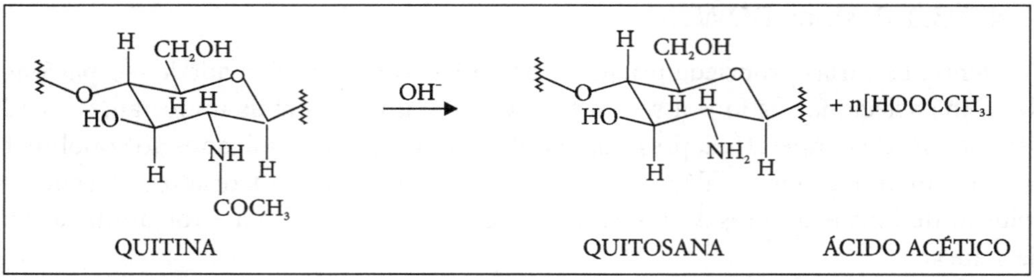

Figura 4.3 Reação de desacetilação da quitina em meio alcalino concentrado.

A imobilização da enzima em gel de quitosana envolve os métodos de enredamento e/ou ligação covalente. A propriedade reacional desse polímero deve-se ao elevado percentual de grupos amino (NH_2) espalhados por sua estrutura polimérica, os quais são extremamente reativos, sobretudo em presença de agentes bifuncionais, como o glutaraldeído, cujas carbonilas reagem com grupos amino formando ligações covalentes – as conhecidas bases de Schiff. O glutaraldeído, ao reagir com grupos amino da quitosana, pode formar uma rede polimérica, na qual a enzima fica aprisionada entre os interstícios da malha formada (enredamento). Outra possibilidade seria o reagente bifuncional ligar-se simultaneamente a um grupo amino da cadeia lateral de aminoácido constituinte da estrutura primária da enzima e a outro pertencente à quitosana. Nessa situação, haveria a imobilização do tipo ligação covalente, cujo exemplo típico seria o caso da imobilização da peroxidase em quitosana reticulada com glutaraldeído, conforme descrito por Rosane, Oliveira e Vieira (2006).

4.2.5 COEFICIENTE DE IMOBILIZAÇÃO (CI)

Define-se coeficiente de imobilização (CI) como a razão entre a atividade da enzima imobilizada e a atividade da enzima solúvel multiplicada por 100. Por extensão, o CI pode ser expresso também pela razão entre o teor de proteína solúvel residual (após a aplicação da técnica de imobilização) e o teor de proteína inicial (antes da aplicação da técnica de imobilização) multiplicada por 100. O CI é expresso desse último modo, sobretudo quando se está procedendo ao *screening* do binômio suporte/tipo de imobilização.

4.3 REAGENTES E EQUIPAMENTOS

4.3.1 REAGENTES

Solução de $CaCl_2$ 0,1 M: dissolver 11,1 g de $CaCl_2$ anidro em 1 L de água destilada.

Solução de alginato de sódio: dissolver 0,3 g ou 0,5 g de alginato de sódio em 100 mL de água destilada.

Imobilização: tipos e técnicas **105**

Solução de ureia 0,5 M: dissolver 30 g de ureia em 1 L de água destilada.

Soluções-mães de enzimas: dissolver em água destilada ou tampão invertase, urease ou bromelina, perfazendo atividade total de 500 U.

Suspensão de resina DOWEX®: suspender 100 mg de DOWEX-1X2-400 em 25 mL de água deionizada.

Suspensão de células de levedura: suspender 50 g de fermento prensado comercial em 1 L de água destilada.

Solução-tampão acetato 0,05 M ou 0,2 M (pH = 4,6): consultar as Tabelas 3.2 ou 3.3 do Capítulo 3.

Solução-tampão fosfato 0,05 M ou 0,2 M (pH 7,0 ou 7,5): consultar as Tabelas 3.2 ou 3.3 do Capítulo 3.

As soluções de ácido 3,5 dinitrossalicílico, biureto, Lowry, Bradford e Nessler estão descritas nas seções 2.4.1 e 6.4.

4.3.2 EQUIPAMENTOS

Os equipamentos necessários para as práticas propostas são: balança semianalítica, balança analítica, bomba de vácuo, câmara de Neubauer, espectrofotômetro, agitador de tubos (*vortex*), agitador rotativo (*shaker*), centrífuga e deionizador de água.

4.4 MÉTODOS ANALÍTICOS

Os métodos analíticos a serem utilizados nas práticas propostas já foram descritos em capítulo anterior (Seções 2.4.1 e 2.4.3).

4.5 PRÁTICAS

4.5.1 IMOBILIZAÇÃO EM HIDROGEL

4.5.1.1 Imobilização da invertase

Em um béquer de 100 mL, colocar 10 mL da solução de invertase – cuja atividade foi previamente determinada, bem como a concentração de proteína solúvel – e, a seguir, dissolver, com agitação, 0,5 g de alginato de sódio. Essa solução é deixada em repouso a 4 ºC por 24 horas. Gotejar a solução de invertase em alginato de sódio sobre uma solução de $CaCl_2$ 0,1 M. Uma vez que todo o volume da solução tenha sido convertido em esferas de alginato de cálcio, dentro das quais a invertase é aprisionada,

106   *Guia para aulas práticas de biotecnologia de enzimas e fermentação*

são separadas por filtração a vácuo e lavadas, diretamente sobre o filtro, com volume conhecido de água destilada (ÁGUA DE LAVAGEM). Esse volume é recolhido, sendo realizada a dosagem do teor de proteína solúvel. Antes da lavagem, porém, recolher o primeiro filtrado (FILTRADO) para dosar a proteína solúvel presente. Detectar eventual atividade invertásica no FILTRADO e na ÁGUA DE LAVAGEM, conforme descrito a seguir.

OBSERVAÇÃO

O gotejamento pode ser feito com bureta, pipeta Pasteur, ponteira de micropipeta adaptada, equipo (gotejador de soro hospitalar) ou seringa com ponta da agulha não chanfrada.

Para verificar a atividade catalítica da invertase imobilizada (ESFERAS DE ALGINATO DE CÁLCIO I), transferir um número conhecido de esferas para um tubo de ensaio e adicionar 5 mL de solução tamponada de sacarose 0,3 M (tampão acetato 0,05 M; pH 4,6). Agitar lentamente por 10 minutos com o tubo mergulhado em banho-maria a 37 °C. Decantar o conteúdo líquido do tubo de ensaio. Em outro tubo, colocar 1 mL de amostra do sobrenadante e misturar com 2 mL do reagente de DNS. Deixar esse tubo em banho fervente por 5 minutos. Observar e anotar o resultado obtido. As esferas de alginato de cálcio separadas são lavadas profusamente com água destilada. A seguir, repete-se com as mesmas esferas o ensaio descrito (ESFERAS DE ALGINATO DE CÁLCIO II). Observar e anotar o resultado obtido.

Para detectar a atividade invertásica no filtrado e na água de lavagem, transferir 3 mL da amostra para um tubo de ensaio e adicionar 5 mL de solução tamponada de sacarose 0,3 M (tampão acetato 0,05 M; pH 4,6). Agitar lentamente por 10 minutos com o tubo mergulhado em banho-maria a 37 °C. Parar a reação pela adição de 2 mL do reagente DNS, seguida da imersão do tubo em banho fervente por 5 minutos. Resfriar e medir a absorbância para avaliar o teor de açúcares redutores formados (frente à curva-padrão de glicose).

Para determinar a atividade invertásica das esferas de alginato, colocar em um béquer de 250 mL o volume de 150 mL de solução tamponada de sacarose 0,3 M (tampão acetato 0,05 M; pH 4,6), deixando o sistema em banho-maria com agitação por 10 minutos a 37 °C. Em seguida, adicionar certo número de esferas e deixar a suspensão agitando por 60 minutos a 37 °C. Tomar alíquotas de 0,5 mL do meio reacional no tempo 0 (tão logo as esferas são adicionadas) e a cada 10 minutos, até completar o tempo total de 60 minutos de reação. Dosar os açúcares redutores formados com o reagente DNS. Dispor os dados obtidos na Tabela 4.2, apresentada na próxima seção.

Imobilização: tipos e técnicas

OBSERVAÇÃO

Para determinação do coeficiente de imobilização, deve-se medir a atividade invertásica, usando todas as esferas obtidas a partir de dada solução de invertase solúvel.

■

4.5.1.1.1 Organizar e analisar os dados obtidos

Preencher as Tabelas 4.1 e 4.2 com os dados experimentais obtidos.

Tabela 4.1 Atividade e concentração de proteína na solução inicial de invertase; detecção da atividade enzimática (reação com DNS) das frações residuais e das esferas contendo a invertase

Fração (nome)	P_{in}* (mg/mL)	P_R** (mg/mL)	ABS*** (DO)	AI_{in}**** (mg AR/min · mL)
Solução		-		
Filtrado	-			-
Água de lavagem	-			-
Esferas de alginato de Ca I	-	-		-
Esferas de alginato de Ca II	-	-		-

* P_{in} = concentração de proteína inicial (solução de invertase solúvel).
** P_R = concentração de proteína residual (após obtenção e separação das esferas de alginato de cálcio).
*** ABS = absorbância para o cálculo da AI_{in} da solução de invertase e aquelas relacionadas com a atividade invertásica residual nas frações indicadas.
**** AI_{in} = atividade invertásica inicial (solução de invertase).

Tabela 4.2 Hidrólise da sacarose pela invertase aprisionada em gel de alginato de cálcio

Tempo (minutos)	$ABS_{amostra}$ (DO)	ABS_{branco} (DO)	ΔABS (DO)
0			
10			
20			
30			
40			
50			
60			

108   *Guia para aulas práticas de biotecnologia de enzimas e fermentação*

Fazer o gráfico da atividade da invertase imobilizada *versus* tempo de reação.

4.5.1.1.2 Questões para responder

1. Qual é o valor da atividade da invertase imobilizada?

2. Qual é o valor do coeficiente de imobilização calculado em termos de proteína solúvel antes e após a imobilização?

3. Qual é o valor do coeficiente de imobilização calculado em termos de atividade invertásica antes e após a imobilização?

4. O que se pode observar a partir do gráfico $AI_{imol} = f(t)$?

4.5.1.2 Imobilização da urease

Em um béquer de 100 mL, colocar 10 mL da solução de urease – cuja atividade foi previamente determinada, bem como a concentração de proteína solúvel – e, a seguir, dissolver com agitação 0,5 g de alginato de sódio. Essa solução é deixada em repouso a 4 °C por 24 horas. Gotejar a solução de urease em alginato de sódio sobre uma solução de $CaCl_2$ 0,1 M. Uma vez que todo o volume da solução tenha sido convertido em esferas de alginato de cálcio, dentro das quais a urease é aprisionada, são separadas por filtração a vácuo e lavadas, diretamente sobre o filtro, com volume conhecido de água destilada (ÁGUA DE LAVAGEM). Esse volume é recolhido e é feita a dosagem do teor de proteína solúvel. Antes da lavagem, porém, recolher o primeiro filtrado (FILTRADO) para dosar a proteína solúvel presente.

OBSERVAÇÃO

O gotejamento pode ser feito com bureta, pipeta Pasteur, ponteira de micropipeta adaptada, equipo (gotejador de soro hospitalar) ou seringa com ponta da agulha não chanfrada.

■

Para detectar a atividade ureásica no filtrado e na água de lavagem, colocar 1 mL de amostra e misturar com 5 mL de solução tamponada de ureia 0,5 M (tampão fosfato 0,2 M, pH 7,0). Deixar a 37 °C por 10 minutos. A seguir, adicionar três gotas de vermelho de fenol ou escorrer HNO_3 concentrado pela parede interna do tubo de ensaio. Observar e anotar os resultados.

Para verificar a atividade catalítica da urease imobilizada proceder: (a) SUSPENSÃO I: transferir um número conhecido de esferas para um tubo de ensaio e adicionar 5 mL de solução tamponada de ureia 0,5 M (tampão fosfato 0,2 M; pH 7,0) e três gotas

Imobilização: tipos e técnicas   **109**

de indicador de vermelho de fenol. Agitar lentamente por 10 minutos, anotando o resultado. Decantar o conteúdo líquido do tubo de ensaio, lavar as esferas com água destilada e adicionar novamente 5 mL de solução tamponada de urease 0,5 M e três gotas de indicador vermelho de fenol. Agitar lentamente por 10 minutos. Anotar o resultado observado; (b) SUSPENSÃO II: transferir um número conhecido de esferas para um tubo de ensaio e adicionar 5 mL de solução tamponada de ureia 0,5 M e deixar reagindo por 10 minutos com agitação. A seguir, deixar em repouso e fazer escorrer lentamente pela parede do tubo HNO_3 concentrado. Anotar o resultado.

Para determinar a atividade ureásica das esferas de alginato, colocar em um béquer de 100 mL o volume de 50 mL de solução tamponada de ureia 0,5 M, deixando o sistema em banho-maria com agitação por 10 minutos a 37 °C. Em seguida, adicionar certo número de esferas e deixar a suspensão agitando por 60 minutos a 37 °C. Tomar alíquotas de 0,5 mL do meio reacional no tempo 0 (tão logo as esferas são adicionadas) e a cada 10 minutos, até completar o tempo total de 60 minutos de reação. Dosar a amônia formada conforme descrito anteriormente (Seção 3.4.2).

OBSERVAÇÃO

Para determinação do coeficiente de imobilização, deve-se medir a atividade ureásica usando todas as esferas obtidas a partir de dada solução de urease solúvel.

■

4.5.1.2.1 Organizar e analisar os dados obtidos

Preencher as Tabelas 4.3 e 4.4 com os dados experimentais obtidos.

Tabela 4.3 Atividade e concentração de proteína na solução inicial de urease; detecção da atividade enzimática (reação com vermelho de fenol ou HNO_3) das esferas contendo urease e das frações residuais resultantes do procedimento de aprisionamento

Fração (nome)	P_{in} * (mg/mL)	P_R ** (mg/mL)	AU_{in} *** (mg NH_4^+/min · mL)	Indicador	
				Vermelho fenol	HNO_3
Solução		-			
Suspensão I	-	-	-		
Suspensão II	-	-	-		
Filtrado	-		-		
Água de lavagem	-		-		

110   *Guia para aulas práticas de biotecnologia de enzimas e fermentação*

* P_{in} = concentração de proteína inicial (solução de urease solúvel).
** PR = concentração de proteína residual (após a obtenção das esferas de alginato de cálcio).
*** AU_{in} = atividade ureásica inicial (solução de urease).

Tabela 4.4   Hidrólise da ureia pela urease aprisionada em gel de alginato de cálcio

Tempo (minutos)	ABS (DO)	NH_4^+ (mg)
0		
10		
20		
30		
40		
50		
60		

Fazer o gráfico amônia (mg) *versus* tempo (minutos).

4.5.1.2.2 Questões para responder

1. Considerando a SUSPENSÃO I, por que a reação foi repetida?

2. Qual o objetivo do uso dos indicadores ácido nítrico e vermelho de fenol?

3. Qual é a atividade da urease imobilizada?

4. Qual é o valor do coeficiente de imobilização calculado em termos de proteína solúvel antes e após a imobilização?

5. Qual é o valor do coeficiente de imobilização calculado em termos de atividade ureásica antes e após a imobilização?

6. O que se pode observar a partir do gráfico $AU_{imol} = f(t)$?

4.5.1.3 Imobilização de células de levedura

Suspender 0,5 g de fermento prensado de panificação úmido em 100 mL de água destilada. Determinar a concentração de células na suspensão original por contagem em câmara de Neubauer. Verter essa suspensão em um béquer de 250 mL contendo 100 mL de solução de alginato de sódio (30 g/L). Homogeneizar muito bem a mistura. Gotejar todo o volume da suspensão sobre uma solução de $CaCl_2$ (30 g/L). Deixar as

Imobilização: tipos e técnicas 111

esferas em contato com a solução de $CaCl_2$ e agitação lenta por 15 minutos. Separar as esferas por meio de tamiz pequeno. Recolher o filtrado. Depois, sobre o tamiz, lavar as esferas três vezes seguidas com 50 mL de água destilada, recolhendo as águas de lavagem. Fazer a contagem de células presentes no filtrado e nas três águas de lavagem pela câmara de Neubauer (consultar Seção 5.4.2). Acondicionar as esferas obtidas em frasco cônico contendo 100 mL de água destilada, deixando-o em geladeira até o momento do uso das células imobilizadas.

4.5.1.3.1 Organizar e analisar os dados obtidos

Montar a Tabela 4.5.

Tabela 4.5 Compilação do número de células de levedura determinadas pela câmara de Neubauer

Fração	Concentração celular (Número de células/ml)
Suspensão original de células	
Filtrado	
1ª água de lavagem	
2ª água de lavagem	
3ª água de lavagem	

4.5.1.3.2 Questões para responder

1. Calcule o coeficiente de imobilização das células em alginato de cálcio.

2. Quais as vantagens do método de imobilização utilizado?

3. Quais as desvantagens do método de imobilização utilizado?

4. Qual a função do Ca^{2+} nesse tipo de imobilização?

4.5.2 IMOBILIZAÇÃO EM RESINAS DE TROCA IÔNICA

4.5.2.1 Imobilização da invertase

Suspender 100 mg de resina DOWEX® (1X2-400) em 25 mL de água deionizada com pH ajustado a 5,5. Deixar agitando (100 rpm) por 24 horas a 32 °C. Centrifugar (3.000 xg; 15 minutos). Descartar o sobrenadante e recolher a resina hidratada.

Suspender novamente a resina hidratada em 22 mL de água deionizada. Adicionar, a seguir, 5 mL da solução da invertase (10 U). Dosar o teor de proteína solúvel. Agitar a 100 rpm por 4 horas a 32 °C. Centrifugar (4.000 xg; 15 minutos). O sobrenadante, antes de ser descartado, tem o teor de proteína solúvel determinado. O precipitado (complexo DOWEX-1X2-400/invertase) é ressuspendido em 10 mL de água deionizada (pH 5,5) e centrifugado (4.000 xg; 15 minutos), a seguir. Repetir essa lavagem três vezes. Juntar as águas de lavagem para a dosagem da proteína solúvel. O complexo DOWEX-invertase é ressuspendido em 12 mL de tampão acetato 0,05 M (pH 5,5) ao determinar sua atividade.

Um béquer de 250 mL de capacidade contendo 108 mL de uma solução-tampão acetato 0,05 M (pH 5,5) é colocado em banho-maria a 37 °C. Após 10 minutos, dissolvem-se com agitação (100 rpm) 12 g de sacarose pA. Após 5 minutos exatos, adiciona-se a suspensão contendo a invertase imobilizada (12 mL), disparando um cronômetro. Em intervalos de 5 minutos – até completar o tempo total de reação de 30 minutos – tomar amostras de 0,5 mL do meio reacional para dosar o teor de açúcar redutor formado. Usa-se o método do DNS, conforme descrito anteriormente.

4.5.2.1.1 Organizar e analisar os dados obtidos

Montar as Tabelas 4.6 e 4.7.

Tabela 4.6 Determinação da atividade catalítica do complexo DOWEX-invertase

Tempo (minutos)	$ABS_{amostra}$ (DO)	ABS_{branco} (DO)	ΔABS (DO)	Glicose (mg)
0				
5				
10				
15				
20				
25				
30				

Fazer o gráfico glicose (mg) *versus* tempo (minutos).

Imobilização: tipos e técnicas

Tabela 4.7 Teor de proteína solúvel e atividades da invertase solúvel e imobilizada

Invertase (tipo)	Fração (nome)	P_i* (mg/mL)	P_r** (mg/ml)	AI_{in}*** (mg AR/min · mL)	AI_{imob}**** (mg AR/min · mL)
Solúvel	Solução		-		-
Insolúvel	Sobrenadante	-		-	-
	Águas de lavagem	-		-	-
	DOWEX-invertase	-	-	-	

* P_i = teor de proteína inicial (solução de invertase).
** P_r = teor de proteína residual.
*** AI_{in} = atividade invertásica (solução de invertase).
**** AI_{imob} = atividade da invertase imobilizada (inclinação da reta obtida com os dados da Tabela 4.6).

4.5.2.1.2 Questões para responder

1. Qual é a atividade do sistema DOWEX-1X2-400/invertase?

2. Qual é o valor do coeficiente de imobilização calculado em termos de proteína solúvel antes e após a imobilização?

3. Qual é o valor do coeficiente de imobilização calculado em termos de atividade invertásica antes e após a imobilização?

4. O que se pode observar a partir do gráfico $AI_{imob} = f(t)$?

5. Quais as vantagens e desvantagens desse tipo de imobilização?

4.5.2.2 Imobilização da bromelina

Suspender 100 mg de resina DOWEX® (1X2-400) em 25 mL de água deionizada com pH ajustado a 5,5. Deixar agitando (100 rpm) por 24 horas a 32 °C. Centrifugar (3.000 xg; 15 minutos). Descartar o sobrenadante e recolher a resina hidratada.

Suspender novamente a resina hidratada em 22 mL de água deionizada. Adicionar, a seguir, 5 mL da solução da bromelina (400 U). Dosar o teor de proteína solúvel. Agitar a 100 rpm por 4 horas a 32 °C. Centrifugar (4.000 xg; 15 minutos). O sobrenadante, antes de ser descartado, tem o teor de proteína solúvel determinado. O precipitado (complexo DOWEX-1X2-400/bromelina) é ressuspendido em 10 mL de água deionizada (pH 7,6) e centrifugado (4.000 xg; 15 minutos) a seguir. Repetir essa lavagem três vezes. Juntar as águas de lavagem para a dosagem da proteína solúvel.

114 Guia para aulas práticas de biotecnologia de enzimas e fermentação

O complexo DOWEX-bromelina é ressuspendido em 12 mL de tampão fosfato 0,05 M (pH 7,6) ao determinar sua atividade.

Um béquer de 250 mL de capacidade contendo 108 mL de uma solução-tampão fosfato 0,05 M (pH 7,6) é colocado em banho-maria a 37 °C. Após 10 minutos, dissolvem-se, com agitação (100 rpm), 10 g de caseína. Depois de 5 minutos exatos, adiciona-se a suspensão contendo a bromelina imobilizada (12 mL), disparando um cronômetro. Em intervalos de 2 minutos – até completar o tempo total de reação de 20 minutos – tomar amostra de 0,5 mL do meio reacional, colocando em tubo contendo 2,5 mL de TCA (1%). Deixar o tubo em repouso por 10 minutos. A seguir, tomar 1 mL do sobrenadante, colocar em cubeta de espectrofotômetro e fazer a leitura a 280 nm. Confrontar a absorbância medida com uma curva-padrão de tirosina, conforme descrito em capítulo anterior (Seção 3.4.1).

4.5.2.2.1 Organizar e analisar os dados obtidos

Montar as Tabelas 4.8 e 4.9.

Tabela 4.8 Determinação da atividade catalítica do complexo DOWEX-bromelina

Tempo (minutos)	ABS (DO)	Tirosina (mg)
0		
2		
4		
6		
8		
10		
12		
14		
16		
18		
20		

Fazer o gráfico tirosina (mg) *versus* tempo (minutos).

Imobilização: tipos e técnicas 115

Tabela 4.9 Teor de proteína solúvel e atividades da bromelina solúvel e imobilizada

Bromelina (tipo)	Fração (nome)	P_i* (mg/mL)	P_r** (mg/mL)	AB_{in}*** (mg tirosina/min · mL)	AB_{imob}**** (mg tirosina/min · mL)
Solúvel	Solução		-		-
Insolúvel	Sobrenadante	-		-	-
	Águas de lavagem	-		-	-
	DOWEX--bromelina	-	-	-	

* P_i = teor de proteína inicial (solução de bromelina).
** P_r = teor de proteína residual.
*** AB_{in} = atividade bromelínica (solução de bromelina).
**** AB_{imob} = atividade da bromelina imobilizada (inclinação da reta obtida com os dados da Tabela 4.8).

4.5.2.2.2 Questões para responder

1. Qual é a atividade do sistema DOWEX-1X2-400/bromelina?

2. Qual é o valor do coeficiente de imobilização calculado em termos de proteína solúvel antes e após a imobilização?

3. Qual é o valor do coeficiente de imobilização calculado em termos de atividade bromelínica antes e após a imobilização?

4. O que se pode observar a partir do gráfico $AB_{imob} = f(t)$?

5. Quais as vantagens e desvantagens desse tipo de imobilização?

4.5.2.3 Imobilização da urease

Suspender 100 mg de resina DOWEX® (1X2-400) em 25 mL de água deionizada com pH ajustado a 5,5. Deixar agitando (100 rpm) por 24 horas a 32 °C. Centrifugar (3.000 xg; 15 minutos). Descartar o sobrenadante e recolher a resina hidratada.

Suspender novamente a resina hidratada em 22 mL de água deionizada (pH 7,0). Adicionar, a seguir, 5 mL da solução da urease (50 U). Dosar o teor de proteína solúvel. Agitar a 100 rpm por 4 horas a 32 °C. Centrifugar (4.000 xg; 15 minutos). O sobrenadante, antes de ser descartado, tem o teor de proteína solúvel determinado. O precipitado (complexo DOWEX-1X2-400/urease) é ressuspendido em 10 mL de água deionizada (pH 7,0) e centrifugado (4.000 xg; 15 minutos) a seguir. Repetir essa lavagem três vezes. Juntar as águas de lavagem para a dosagem da proteína solúvel.

O complexo DOWEX-urease é ressuspendido em 12 mL de tampão fosfato 0,05 M (pH 7,0) ao determinar sua atividade.

Um béquer de 250 mL de capacidade contendo 108 mL de uma solução tamponada de ureia 0,5 M (tampão fosfato 0,05 M; pH 7,0) é colocado em banho-maria a 37 ºC. Após 10 minutos, é adicionada a suspensão contendo a urease imobilizada (12 mL), disparando um cronômetro, a seguir. A cada 2 minutos – até completar o tempo total de reação de 10 minutos – tomar amostras de 0,5 mL do meio reacional e colocar em tubo contendo 2 mL de TCA (10%). Centrifugar. Diluir 1 mL do sobrenadante para 100 mL com tampão fosfato 0,05 M (pH 7,0). Depois, tomar 2,0 mL da diluição e misturar com 1,0 mL de reativo de Nessler e 7,0 mL de água destilada. Em seguida, prosseguir como descrito na Seção 3.4.2.

4.5.2.3.1 Organizar e analisar os dados obtidos

Montar as Tabelas 4.10 e 4.11.

Tabela 4.10 Determinação da atividade catalítica do complexo DOWEX-urease

Tempo (minutos)	ABS (DO)	NH_4^+ (mg)
0		
2		
4		
6		
8		
10		

Fazer o gráfico NH_4^+ (mg) *versus* tempo (minutos).

Tabela 4.11 Teor de proteína solúvel e atividades da urease solúvel e imobilizada

Urease (tipo)	Fração (nome)	P_i* (mg/mL)	P_r** (mg/ml)	AU_{in}*** (mg NH_4^+/min · mL)	AU_{imob}**** (mg NH_4^+/min · mL)
Solúvel	Solução		-		-
Insolúvel	Sobrenadante	-		-	-
	Águas de lavagem	-		-	-
	DOWEX-urease	-	-		

* P_i = teor de proteína inicial (solução de urease).
** P_r = teor de proteína residual.

Imobilização: tipos e técnicas

*** AU_{in} = atividade ureásica (solução de urease).
**** AU_{imob} = atividade da urease imobilizada (inclinação da reta obtida com os dados da Tabela 4.10).

4.5.2.3.2 Questões para responder

1. Qual é a atividade do sistema DOWEX-1X2-400/urease?
2. Qual é o valor do coeficiente de imobilização calculado em termos de proteína solúvel antes e após a imobilização?
3. Qual é o valor do coeficiente de imobilização calculado em termos de atividade ureásica antes e após a imobilização?
4. O que se pode observar a partir do gráfico AU_{imob} = f(t)?
5. Quais as vantagens e desvantagens desse tipo de imobilização?

4.6 QUESTÕES DE REVISÃO E FIXAÇÃO

1. Qual é a importância da técnica de imobilização?
2. Quantos e quais são os tipos básicos de imobilização por aprisionamento?
3. Quais são as principais desvantagens da técnica de imobilização?
4. Quais são os tipos básicos de imobilização?
5. Por que não é aconselhável imobilizar a bromelina por encapsulamento em alginato de cálcio?
6. Comente esta afirmação: "A força iônica do meio reacional não é decisiva para obter bom coeficiente de imobilização ao se usar o método de adsorção".

4.7 BIBLIOGRAFIA

AQUARONE, E. et al. **Biotecnologia industrial**. São Paulo: Blucher, 2001. v. 3.

BON, E. P. S.; FERRARA, M. A.; CORVO, M. L. **Enzimas em biotecnologia:** produção, aplicações e mercado. Rio de Janeiro: Interciência, 2008.

CANILHA, L.; CARVALHO, W.; SILVA, J. B. A. Biocatalisadores imobilizados. **Biotecnologia Ciência & Desenvolvimento**, ano IX, n. 36, p. 48-57, jan./jun. 2006.

COELHO, M. A. Z.; SALGADO, A. M.; RIBEIRO, B. D. **Tecnologia enzimática**. Rio de Janeiro: EPUB, 2008.

ROSANE, I.; OLIVEIRA, W. Z.; VIEIRA, I. C. Construção e aplicação de biossensores usando diferentes procedimentos de imobilização da peroxidase de vegetal em matriz de quitosana. **Química Nova**, São Paulo, v. 29, n. 5, p. 932-939, 2006.

SAID, S.; PIETRO, R. C. L. R. **Enzimas como agentes biotecnológicos**. Ribeirão Preto: Legis Summa, 2014.

SILVA, H. S. R. C.; SANTOS, K. S. C. R.; FERREIRA, E. I. Quitosana: derivados hidrossolúveis, aplicações farmacêuticas e avanços. **Química Nova**, São Paulo, v. 29, n. 4, p. 776-785, 2006.

TOMOTANI, E. J. **Imobilização da invertase em resina de troca iônica (tipo DOWEX®)**: seu uso na modificação da sacarose. 2002. 161 f. Dissertação (Mestrado em Tecnologia-Bioquímica Farmacêutica) – Faculdade de Ciências Farmacêuticas, Universidade de São Paulo, São Paulo, 2002.

VITOLO, M. et al. **Biotecnologia farmacêutica**: aspectos sobre aplicação industrial. São Paulo: Blucher, 2015.

CAPÍTULO 5
FERMENTAÇÃO

5.1 OBJETIVO

Mostrar os efeitos das condições de cultivo sobre o crescimento e o desempenho celular em processos fermentativos, tomando o *Saccharomyces cerevisiae* como modelo.

5.2 TEORIA

A fermentação, em seu sentido amplo, consiste no uso de células de quaisquer origens para a produção de moléculas de interesse econômico. As células devem ser cultivadas sob condições controladas de pH, temperatura, agitação e na presença de nutrientes adequados, sobretudo no que se refere às fontes de carbono e nitrogênio. Outro componente, cuja importância vai depender da espécie celular a ser utilizada, é o oxigênio dissolvido no meio de cultivo.

Variações das condições de cultivo visam a interferência nos mecanismos bioquímicos intracelulares, de modo que promove uma produção maior e/ou mais rápida da substância desejada. Os parâmetros de cultivo – como pH e temperatura – geralmente influem nos mecanismos bioquímicos intracelulares, provocando variação na velocidade de crescimento, em geral, por ocasionar aumento ou diminuição da atividade de enzimas ou modificações na estrutura de macromoléculas essenciais ao metabolismo.

A temperatura atua como bem estabelecido por meio da variação da energia cinética das moléculas, que, por sua vez, acaba modificando a velocidade das reações químicas intracelulares. No entanto, a variação desse parâmetro deve ser feita dentro de limites definidos pela espécie celular utilizada. Abaixo do limite inferior e sem depender do tempo em que as células forem deixadas, o metabolismo celular diminui a ponto de a velocidade de crescimento tornar-se desprezível, porém recuperável quando a temperatura for levada à faixa adequada para a espécie celular em estudo. Acima do limite superior e, dependendo do tempo durante o qual as células foram deixadas, a velocidade de crescimento também é afetada, geralmente de modo irreversível, a julgar pela possibilidade de desnaturação de uma ou mais enzimas intracelulares ou de outras macromoléculas essenciais (proteínas de transporte, ácidos nucleicos, dentre outras).

O pH, definido como logaritmo do inverso da concentração hidrogeniônica do meio {log (1/[H$^+$]}, influi sobre o crescimento celular por sua ação sobre as reações intracelulares. Tais reações têm velocidades que podem aumentar e/ou diminuir em função da sensibilidade das enzimas envolvidas frente à concentração hidrogeniônica presente no meio ou da variação da solubilidade de um dos reagentes, como sobre as proteínas transportadoras de membrana e/ou sobre o caráter iônico das substâncias que devem entrar ou sair do citoplasma.

A agitação, por sua vez, tem como papel principal facilitar a difusão das substâncias presentes no meio reacional e manter as células em suspensão durante todo tempo de cultivo. A intensidade da agitação do meio depende das características morfológicas das células utilizadas. Se a espécie celular tiver sua membrana citoplasmática envolvida por uma parede celular – geralmente constituída de polissacarídeos de alta massa molar e solubilidade extremamente baixa, presente nos micro-organismos –, então o meio pode ser agitado em regime turbulento. Caso contrário, em células não microbianas, a agitação deve ser a menor possível, o suficiente para favorecer a difusão dos nutrientes e gerar, no interior do recipiente de cultivo, um fluxo do tipo laminar, para evitar danos à membrana citoplasmática.

Os nutrientes, representados em maior proporção pelas fontes de carbono – simbolizadas, em geral, pelos carboidratos de baixa ou alta massa molar – e de nitrogênio – que são os sais inorgânicos, como sais de amônio, ou substâncias orgânicas como ureia e proteínas e, em menor extensão, os aminoácidos e/ou aminoálcoois –, são os doadores das moléculas de baixa massa molar, as quais são reordenadas no interior da célula em moléculas de maior complexidade (enzimas, proteínas, lipídeos etc.) para serem usadas nas vias metabólicas intracelulares.

Do grande número de espécies celulares conhecidas, a levedura *Saccharomyces cerevisiae* foi escolhida como célula modelo, em virtude dessas características: (a) é um dos micro-organismos mais estudados e conhecidos; (b) a facilidade de seu isolamento e manutenção; (c) é uma espécie microbiana atóxica e não patogênica; (d) suas exigências nutricionais são poucas; (e) apresenta bom crescimento em meios preparados a partir de resíduos industriais (por exemplo, melaço de cana-de-açúcar); (f) seu uso disseminado em processos industriais (no Brasil, por exemplo é o carro-chefe da produção do bioetanol); (g) sua reconhecida capacidade de produzir enzimas extracitoplasmáticas (por exemplo, a invertase); (h) vem sendo muito usada como micro-organismo modelo para estudos na área da biologia molecular; (i) parte da levedura residual das indústrias alcooleira e de cervejaria poderia ser usada para produzir enzimas de interesse comercial (invertase, lactase, oxidorredutases, entre outras).

Fermentação

Além do emprego da suspensão de células de levedura, na forma livre, nas práticas descritas a seguir, propôs-se também executá-las com as células na forma imobilizada, segundo o método de aprisionamento em alginato de cálcio. Os objetivos da imobilização são o aumento da estabilidade das células, a reutilização das células, o trabalho com alta concentração celular e a possibilidade de usá-las em processos contínuos.

5.3 REAGENTES E EQUIPAMENTOS

5.3.1 REAGENTES

Levedura de panificação, ágar nutriente, extrato de levedura, peptona, ágar-ágar, ureia, sulfato de amônio, sulfato de magnésio hepta-hidratado, hidrogenofosfato de sódio dodeca-hidratado, fenolftaleína, dicromato de potássio, ortofenantrolina, sulfato ferroso amoniacal, ácido acético glacial, acetato de sódio, glicose, sacarose, caseinato de sódio, hidróxido de sódio, ácido clorídrico, fenol, tartarato duplo de sódio e potássio, metabissulfito de sódio e ácido 3,5-dinitrossalicílico (DNS).

5.3.2 EQUIPAMENTOS

Balanças analítica e semianalítica, estufa para microbiologia, estufa regulável a 105 °C, medidor de pH, geladeira (ou *freezer*), agitador metabólico (*shaker*), espectrofotômetro, refratômetro ABBE, bomba de vácuo, agitador magnético, centrífuga de bancada, autoclave e sistema de microfiltração (para membranas com diâmetro de poro = 0,45 µm).

5.4 MÉTODOS ANALÍTICOS

5.4.1 DETERMINAÇÃO DA MASSA CELULAR SECA

Consiste na avaliação da perda de água de dada massa úmida de células após deixá-la em estufa a 105 °C por 2 horas. A perda de água é avaliada por meio da pesagem da amostra antes e após submissão ao calor.

Em um vidro de relógio previamente tarado, pesar exatamente 0,5 g de fermento prensado comercial. Deixar em estufa a 105 °C por 2 horas. A seguir, colocar o vidro de relógio em um dessecador com sílica-gel. Após resfriamento, pesar o vidro de relógio com a massa de levedura desidratada. O teor de água removida corresponde à diferença de pesos antes e após a secagem na estufa.

No caso de as células estarem em suspensão – como sucede nas amostras retiradas de um fermentador durante o processo fermentativo –, deve-se tomar um volume conhecido dela e filtrá-lo pela membrana filtrante (diâmetro do poro = 0,45 μm) previamente tarada. Ainda com o sistema de filtração montado, lavar duas vezes com água destilada a massa retida pela membrana. A seguir, a membrana com as células é colocada em estufa a 105 °C por 2 horas. Após esse período de desidratação, deve-se deixar a membrana com a massa seca de células resfriando em dessecador com sílica-gel. Finalmente, proceder à pesagem final da membrana. A concentração celular pode ser expressa em termos de gramas de matéria seca por litro de amostra.

OBSERVAÇÃO

As duas lavagens das células sobre a membrana podem ser feitas com volumes de água destilada iguais ao volume de suspensão filtrada pela membrana. Por conta da fragilidade da membrana de filtração, recomenda-se colocá-la sobre um vidro de relógio antes de introduzi-la na estufa e, depois, no dessecador.

5.4.2 DETERMINAÇÃO DA CONCENTRAÇÃO DE CÉLULAS POR MEIO DA CONTAGEM EM CÂMARA DE NEUBAUER

Com um tubo capilar, tomar a amostra da suspensão diluída de células e introduzir na câmara de Neubauer (área = 1/400 mm^2; espessura = 0,100 mm), como na Figura 5.1 a seguir.

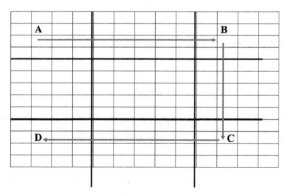

Figura 5.1 Quadriculado característico de uma câmara de Neubauer do tipo comum (área = 1/400 mm^2; espessura = 0,100 mm), visto por um microscópio óptico comum. As setas indicam o sentido de contagem de células nos quadrados (4 · 4) A, B, C e D.

A concentração de células, expressa em número de células/mm^3, é calculada por esta equação:

$$X = A \cdot D/0,4 \tag{5.1}$$

em que X é a concentração de células por mm³; A representa o número de células contadas; D é diluição. O fator 0,4 corresponde ao volume total da câmara, uma vez que cada conjunto (A, B, C ou D) é constituído de 16 quadrículas de 0,0625 mm² de área cada. Portanto, cada conjunto tem área total de 1 mm². Entretanto, são quatro conjuntos ao todo, logo, a área total de leitura é de 4 mm². No entanto, a altura entre o retículo e a parte inferior da lamínula é de 0,1 mm para a câmara de Neubauer considerada (tipo mais comum). Finalmente, o volume da câmara, que corresponde ao volume da suspensão na qual se faz a contagem das células, é igual a 0,4 mm³. Para efeito de cálculo, tomar a média de cinco leituras.

Um aspecto importante na contagem de células em cada quadrícula é convencionar quais das células situadas sobre as linhas devem ou não ser contadas (Figura 5.2).

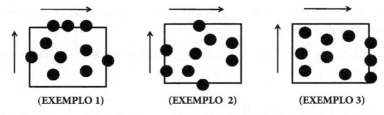

Figura 5.2 Seleção dos dois lados do quadrilátero, cujas células localizadas sobre eles vão ser contadas. As setas indicam os lados e o sentido a ser adotado na contagem do número de células.

É preciso escolher dois dos quatro lados para contar as células situadas sobre eles. Nos exemplos, os lados escolhidos foram indicados pelas setas. Uma vez fixados os lados, devem ser mantidos para todas as contagens de células feitas e provenientes da mesma suspensão. Assim, é possível ler nove, oito e sete células nos exemplos 1, 2 e 3 da Figura 5.2, respectivamente.

O estabelecimento do sentido de leitura é importante, quando se está contando o número de células existentes em cada quadrado reticulado (4 · 4), evitando contar uma célula mais de uma vez. No exemplo, pretende-se contar o número total de células presentes nos quatro quadrados reticulados (4 · 4) da câmara de Neubauer, obtidas de uma suspensão original de células diluída 50 vezes, como se observa na Figura 5.3.

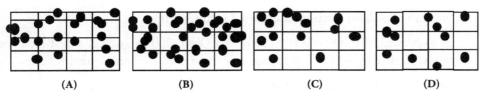

Figura 5.3 Exemplo numérico de contagem em câmara de Neubauer do número de células visualizadas através de microscópio óptico.

124　　　　　　　　　*Guia para aulas práticas de biotecnologia de enzimas e fermentação*

Número de células contadas: quadrado A: 20 células; quadrado B: 30 células; quadrado C: 14 células; quadrado D: 10 células.

Número total de células: 20 + 30 + 14 + 10 = 74 células.

Aplicando a Equação (5.1), tem-se:

X (número de células/mm^3) = (74 · 50) ÷ 0,4 = 9.250 células/mm^3.

5.4.3 DOSAGEM DO ETANOL

Em um frasco erlenmeyer de 250 mL, colocar 1 mL de amostra contendo etanol e 25 mL de solução 0,2 M de dicromato de potássio. Levar o frasco ao banho de água a 65 ºC – 70 ºC por 20 minutos. Após o resfriamento em água corrente, o excesso de dicromato de potássio é determinado por titulação com sulfato ferroso amoniacal em presença de ortofenantrolina como indicador. Faz-se uma prova em branco com água destilada no lugar da amostra.

A concentração de etanol (E), expressa em g/L, pode ser calculada por meio desta equação:

$$E = 11,5 \cdot V' \cdot M' \cdot [1 - (V_a/V_b)]$$

Nessa equação: V' = volume de solução de dicromato de potássio (mL); M' = molaridade da solução de dicromato de potássio; V_a = volume de solução de sulfato ferroso gasto na titulação da amostra (mL); V_b = volume de solução de sulfato ferroso gasto na titulação da prova em branco (mL).

5.4.3.1. Preparo das soluções reagentes

I) Solução de dicromato de potássio:

Diluir 325 mL de H_2SO_4 concentrado em 500 mL de água destilada em um béquer mergulhado em banho de água com gelo – a adição do ácido sobre a água deve ser feita lentamente e com muito cuidado. Após o resfriamento da solução, dissolver 34 g de $K_2Cr_2O_7$. Completar o volume para 1 L com água destilada.

II) Solução de sulfato ferroso amoniacal (sal de Mohr):

Dissolver 135,1 g de $Fe(NH_4)_2(SO_4)_2.6H_2O$ em 800 mL de água destilada contendo 20 mL de H_2SO_4. Completar o volume para 1 L com água destilada.

III) Solução de mono-hidrato de ortofenantrolina:

Dissolver 0,695 g de $FeSO_4.7H_2O$ e 1,485 g de mono-hidrato de ortofenantrolina em 100 mL de água destilada.

Fermentação

5.4.4 DOSAGEM DO AÇÚCAR REDUTOR TOTAL (ART)

Em balão volumétrico de 100 mL, são colocados 5,0 mL da amostra e 25,0 mL de uma solução de HCl (100 mL de HCl concentrado em 800 mL de água destilada). Em seguida, o balão é deixado em banho de água a 65 °C – 70 °C por 15 minutos. Depois, deve-se resfriar, colocar cinco gotas de solução de fenolftaleína, neutralizar a solução com NaOH 1 M. A seguir, é preciso completar o volume com água destilada, homogeneizar bem o conteúdo do balão e tomar uma alíquota para a dosagem dos açúcares redutores totais (ART), usando o reativo de DNS (ver Capítulo 6).

5.4.5 DOSAGEM DOS AÇÚCARES REDUTORES (AR)

Tomar uma alíquota da amostra e dosar diretamente os açúcares redutores (AR) presentes por meio do reativo de DNS.

5.5 PRÁTICAS

5.5.1 PREPARAÇÃO E PROPAGAÇÃO DAS CÉLULAS PARA O INÓCULO

A forma ora descrita é a clássica sobre este assunto. No entanto, se o professor quiser simplificar, pode partir direto de uma massa de fermento prensado comercial e proceder ao inóculo. O efeito de uma eventual contaminação é muito diminuído, se for usado fermento recém-fabricado, além do fato de a levedura crescer muito rápido, deixando o meio depauperado para qualquer outra espécie microbiana eventualmente presente. Os demais experimentos podem ser conduzidos dessa forma. Se os alunos têm essa prática no curso de microbiologia, então, pode ser suprimida de um curso de fermentação.

5.5.1.1 Preparação das células a partir de fermento prensado comercial

Pesar 0,01 g de fermento prensado comercial fresco e suspender em 100 mL de água destilada estéril. Filtrar a suspensão por membrana de 0,45 μm. Lavar profusamente com água estéril as células retidas sobre a membrana. Com uma alça de platina, transferir, assepticamente, uma pequena porção das células em tubos contendo ágar inclinado estéril (23,0 g/L de ágar nutriente e 1,0 g/L de glicose). Deixar os tubos em estufa a 33 °C por 24 horas. A seguir, transferir de forma asséptica para outros tubos contendo o mesmo meio sólido, deixando-os em repouso na estufa por 24 horas a 33 °C. Repetir esse procedimento por cinco vezes sucessivas. No final, transferir pequena fração da cultura para lâminas de vidro e observar as colônias através do microscópio óptico. Se as transferências foram executadas com rigor asséptico, nessa fase haverá colônias formadas por células com morfologia uniforme.

5.5.1.2 Preparo do inóculo

A partir da cultura de levedura purificada, transferem-se porções da colônia, usando alça de platina, para tubos contendo meio de cultivo constituído de: extrato de levedura (3,0 g/L), peptona (5,0 g/L), glicose (10,0 g/L) e ágar-ágar (15,0 g/L). Os tubos são deixados em estufa a 33 °C por 24 horas. A seguir, são usados para inocular tubos contendo 2,5 mL de meio idêntico ao anterior, menos do ágar-ágar, os quais são deixados em estufa a 33 °C por 48 horas. Cada um desses tubos serve para inocular erlenmeyers de 250 mL de capacidade, contendo 50 mL do meio líquido anteriormente descrito. Os frascos são deixados incubando em agitador metabólico (*shaker*) a 30 °C por 22 horas e 100-150 rpm. O conteúdo de cada frasco é vertido em um de maior capacidade, constituindo essa suspensão o inóculo final, ou seja, que pode servir para inocular um fermentador.

OBSERVAÇÃO

Os tubos contendo 2,5 mL do meio líquido podem ser deixados sob agitação suave (máximo 50 rpm) por 48 horas em *shaker* com a temperatura regulada para 33 °C.

■

5.5.2 IMOBILIZAÇÃO DAS CÉLULAS POR APRISIONAMENTO

Em um béquer de 100 mL, colocar 50 mL da suspensão de levedura – cuja concentração foi previamente determinada pelo método da contagem em câmara de Neubauer (Seção 5.4.2) – e, a seguir, dissolver sob agitação 0,5 g de alginato de sódio. Essa solução é deixada em repouso a 4 °C por 24 horas.

Depois, deve-se gotejar a suspensão em alginato de sódio sobre uma solução de $CaCl_2$ 0,1 M. Quando todo o volume da suspensão tiver sido convertido em esferas de alginato de cálcio, dentro das quais ficam aprisionadas as células de levedura, são separadas por filtração e lavadas diretamente sobre o filtro, com volume conhecido de água destilada estéril. Esse volume é recolhido, e a contagem do número de células eventualmente presentes deve ser feita.

O percentual de células efetivamente retidas nos *pellets* (PCER) seria: (PCER) = {[(número total de células na suspensão original) - (número total de células não aprisionadas)] ÷ (número total de células na suspensão original)} · 100.

O número total de células não aprisionadas refere-se à soma das células presentes na solução de $CaCl_2$ e nas águas de lavagem do béquer, do gotejador e dos *pellets*.

5.5.3 DETERMINAÇÃO DA CURVA DE CRESCIMENTO CELULAR EM FRASCOS AGITADOS (EFEITO DO pH, DA TEMPERATURA E DA COMPOSIÇÃO DO MEIO DE CULTURA)

Tomar um tubo de ágar nutriente glicosado com colônias de *Saccharomyces cerevisiae* dispostas em estrias (ver Seção 5.5.1.2). Com uma alça de platina, transferir porções das células para cinco tubos contendo 3,0 mL do meio de cultivo (MC) constituído de extrato de levedura (3,0 g/L), peptona (5,0 g/L) e glicose (10,0 g/L). Incubar em estufa a 33 °C por 48 horas. Juntar o conteúdo dos cinco tubos em um erlenmeyer de 250 mL de capacidade, contendo 35 mL do MC. Incubar em agitador metabólico por 24 horas a 33 °C e 150 rpm. Tomar 10 mL do conteúdo do frasco e filtrar pela membrana (diâmetro do poro = 0,45 μm). Determinar a massa celular seca conforme descrito anteriormente (Seção 5.4.1).

A seguir, tomar alíquotas de 4,0 mL do mesmo frasco e inocular oito frascos contendo 46 mL de MC (pH 4,5). Incubá-los em agitador metabólico a 33 °C e 150 rpm. A cada duas horas, retirar um frasco do agitador, tomar alíquota de 10 mL de seu conteúdo e filtrar pela membrana (0,45 μm). Determinar a massa celular seca. Proceder da mesma forma com os demais frascos. Guardar os filtrados para posterior determinação do consumo da fonte de carbono (glicose, no caso). Nesse filtrado, pode-se determinar a concentração de etanol, conforme Seção 5.4.3, para avaliar a capacidade fermentativa da levedura (ver adiante).

Para avaliar o efeito da temperatura, basta repetir a parte já explicada do protocolo, referente à etapa do uso dos oito frascos, com as temperaturas situadas no intervalo entre 30 °C e 50 °C. Para avaliar o efeito do pH, deve-se repetir a parte já explicada do protocolo, referente à etapa da inoculação dos oito frascos, com os ingredientes do MC dissolvidos em tampão acetato 0,2 M com o pH ajustado a um valor entre 4,0 e 5,4. Para avaliar o efeito dos componentes do meio de cultivo (MC), é preciso repetir a parte já explicada do protocolo, referente à etapa da inoculação dos oito frascos, substituindo a glicose por outro açúcar (por exemplo, frutose, lactose, manose ou sacarose) e a peptona por outro composto nitrogenado (por exemplo, sulfato de amônio, nitrato de amônio, ureia ou aminoácido), mantendo as concentrações de 10 g/L e 5,0 g/L, respectivamente.

OBSERVAÇÃO

Pode-se avaliar o efeito da natureza do tampão sobre o crescimento preparando, além do tampão acetato, outro que tenha sua ação tamponante na mesma faixa de pH (por exemplo, tampão citrato 0,2 M ou tampão succinato 0,2 M).

É possível avaliar o efeito da concentração do tampão acetato (por exemplo, na faixa entre 0,05 M e 0,5 M) sobre o crescimento celular. Pode-se avaliar o efeito da agitação sobre o crescimento submetendo os oito frascos a agitações entre 50 rpm e 400 rpm.

5.5.4 DETERMINAÇÃO DA CURVA DE CONSUMO DE SUBSTRATO POR CÉLULAS DE LEVEDURA EM FRASCOS AGITADOS

5.5.4.1 Células livres

Nos filtrados recolhidos durante a execução do protocolo descrito na Seção 5.5.3, dosar a glicose residual, como AR, por meio do método do reativo do DNS. Caso a fonte de carbono seja constituída de açúcar não redutor (sacarose, por exemplo), a amostra deve ser submetida a hidrólise ácida e, em seguida, ser dosado o ART pelo DNS (Seção 5.4.4).

5.5.4.2 Células aprisionadas

Em oito frascos erlenmeyers de 250 mL, contendo 50 mL de MC (3,0 g/L de extrato de levedura; 5,0 g/L de peptona; 10,0 g/L de glicose; ajustar o pH a 4,5), adicionar um número conhecido de *pellets* com células de levedura aprisionadas (500 *pellets*, por exemplo). Incubar em agitador metabólico a 33 °C e 100 rpm, tomando a cada duas horas um frasco do agitador. Filtrar seu conteúdo pela membrana (0,45 μm). Dosar no filtrado a concentração de AR e/ou ART com o reativo do DNS, como descrito anteriormente.

5.5.5 DETERMINAÇÃO DA CAPACIDADE FERMENTATIVA DE LEVEDURAS EM FRASCOS AGITADOS EM TERMOS DE ETANOL FORMADO (EFEITO DO pH, DA TEMPERATURA E DA COMPOSIÇÃO DO MEIO DE CULTURA)

5.5.5.1 Células livres

Proceder como descrito na Seção 5.5.4.1. Recomenda-se, no entanto, executar esse estudo à parte, uma vez que o etanol, para se obter melhor precisão na medida, deve ser dosado no volume total presente no frasco (cerca de 50 mL).

Fermentação   **129**

5.5.5.2 Células aprisionadas

Proceder como descrito na Seção 5.5.4.2. O etanol deve ser dosado no volume total do filtrado.

Para avaliar o efeito da temperatura, basta repetir o protocolo já explicado com as temperaturas situadas no intervalo entre 30 °C e 50 °C. Para avaliar o efeito do pH, deve-se repetir a parte do protocolo já explicado, com os ingredientes do MC dissolvidos em tampão acetato com o pH ajustado a um valor entre 4,0 e 5,6. Para avaliar o efeito dos componentes do meio de cultivo (MC), basta repetir o protocolo já explicado, substituindo a glicose por outro açúcar (por exemplo, frutose, lactose, manose ou sacarose) e a peptona por outro composto nitrogenado (por exemplo, sulfato de amônio, nitrato de amônio, ureia ou aminoácido), mantendo as concentrações de 10 g/L e 5,0 g/L, respectivamente.

OBSERVAÇÃO

Sugere-se lavar profusamente com água estéril os *pellets* retidos sobre o filtro e reutilizá-los, a fim de comparar os desempenhos na formação de etanol. Procedendo dessa maneira, aplica-se um dos conceitos básicos da técnica de aprisionamento, que se refere à utilização por mais de uma vez, pelo menos, da mesma quantidade do material biológico.

■

5.5.5.3 Organizar e analisar os dados obtidos

Tabular os dados obtidos e elaborar os seguintes gráficos:

1. Curva de crescimento de células livres frente a diferentes pH, temperatura e concentração/tipo de nutrientes (fontes de C e N): X = f(t), em que X é a concentração de células (massa seca) em dado instante e t representa o tempo de cultivo.

2. Consumo da fonte de carbono pelas células livres ou aprisionadas: S = f(t), em que S é a concentração do substrato (medido em AR e/ou ART) em dado instante e t significa tempo de cultivo.

3. Formação de etanol (produto) pelas células livres ou aprisionadas frente a diferentes pH, temperatura e concentração/tipo de nutrientes (fontes de C e N): E = f(t), em que E é a concentração de etanol em dado instante e t representa o tempo de cultivo.

5.5.6 FERMENTAÇÃO DE CALDO DE CANA COM A LEVEDURA IMOBILIZADA EM ALGINATO DE CÁLCIO

Aquecer 2 L de caldo de cana em um béquer coberto com vidro de relógio. Tão logo a ebulição se inicie, deixar por 5 minutos nessa condição. A seguir, parar o aquecimento e deixar o conteúdo do béquer decantando em temperatura ambiente. Anotar o aspecto do caldo de cana após aquecimento, resfriamento e decantação.

Remover com cuidado um volume de amostra do caldo de cana decantado, passar por um filtro munido de algodão hidrófobo. Determinar o grau BRIX (P_1; refratômetro ABBE) e o pH do filtrado.

Para determinar o volume de caldo de cana concentrado e clarificado (V_1), necessário para obter 250 mL de caldo diluído com 15 °BRIX, deve-se empregar a equação:

$$V_1 = \frac{(V_2 \cdot P_2)}{P_1} \tag{5.2}$$

em que P_1 é o grau BRIX do caldo de cana decantado; P_2 representa 15 °BRIX e V_2 significa 250 mL.

O volume de caldo necessário (V_1) é retirado do béquer e filtrado pelo algodão hidrófobo; o volume do filtrado é completado até 250 mL com água destilada. Conferir o grau BRIX do caldo diluído. Adicionar ao caldo diluído 0,2 g de sulfato de magnésio hepta-hidratado e 0,6 g de sulfato de amônio. Ajustar o pH do meio a 4,5 pela adição, se necessária, de gotas de ácido sulfúrico 0,5 M.

Transferir o meio de cultura para kitasato de 500 mL de capacidade e inocular com células de levedura imobilizadas em alginato de cálcio. Adaptar à saída lateral do kitasato um pedaço de mangueira de látex, mergulhando a extremidade livre em erlenmeyer de 125 mL contendo 50 mL de solução saturada de água de cal ou água de barita. O bocal do kitasato deve ser tampado com rolha de borracha. O sistema de fermentação tem o aspecto mostrado na figura a seguir.

Figura 5.4 Aparato para a fermentação de caldo de cana clarificado com células de levedura imobilizadas em alginato de cálcio.

Fermentação

131

Depois, deve-se colocar o conjunto de fermentação em uma estufa regulada a 35 °C. Acompanhar a fermentação até a aula seguinte, anotando de tempo em tempo as modificações que forem ocorrendo no interior do kitasato e do erlenmeyer. Findo o período de fermentação, o sistema é desmontado e o caldo fermentado livre de esferas de alginato de cálcio, recolhido. Determinam-se o pH, o teor de AR residual e de etanol formado.

5.5.6.1 Organizar e analisar os dados obtidos

Completar a Tabela 5.1 a seguir.

Tabela 5.1 Compilação dos dados referentes à fermentação em caldo de cana realizada com células de levedura imobilizadas em alginato de cálcio

Parâmetro	Valor
% inicial de açúcar (°BRIX)	
% de açúcar após diluição da amostra (°BRIX)	
pH da amostra inicial	
pH após a diluição	
pH da amostra diluída após ajuste do pH	
$MgSO_4.7H_2O$ (g)	
$(NH_4)_2SO_4$ (g)	
Volume da amostra de caldo clarificado a ser diluída (mL)	
Volume final da amostra diluída (mL)	

5.5.6.2 Questões para responder

1. Explique por que devemos realizar a diluição do caldo de cana antes de inoculá-lo.

2. Com que objetivo se realiza o aquecimento do caldo de cana?

3. Escreva as equações químicas envolvidas na fermentação da sacarose, indicando as respectivas enzimas.

4. Qual é a função do sal de magnésio empregado no preparo do meio de cultura?

5. Qual é a função do sal de amônio empregado no preparo do meio de cultura?

6. Qual é a função da solução de água de cal ou água de barita?

5.5.7 DESTILAÇÃO DO ETANOL FORMADO NA FERMENTAÇÃO DO CALDO DE CANA CLARIFICADO USANDO CÉLULAS DE LEVEDURA IMOBILIZADAS EM ALGINATO DE CÁLCIO

Filtrar o conteúdo do kitasato para um béquer. Determinar o grau BRIX, o pH e o teor de AR residual no filtrado. Dispor essa solução em um balão de fundo redondo para proceder à destilação do etanol por meio de aparato comum para destilação fracionada. Anotar a temperatura do início da destilação. Após obter 10 mL de destilado, determinar o índice de refração por meio do refratômetro ABBE.

Em paralelo, tomar uma folha de papel de filtro de massa conhecida (anotar o valor) e passar por ela o conteúdo do erlenmeyer. Colocar o papel de filtro contendo o precipitado em estufa até a massa estar constante. Pesar e anotar o valor obtido.

5.5.7.1 Organizar e analisar os dados obtidos

Teor de açúcar no caldo fermentado: _____.

pH do caldo fermentado: _____.

Temperatura no início da destilação: _____.

Índice de refração no destilado: _____.

Massa de carbonato de cálcio: _____.

OBSERVAÇÃO

Descrever as alterações no meio de cultivo durante a fermentação e na solução do erlenmeyer.

5.5.7.2 Questões para responder

1. Determine a quantidade de sacarose consumida durante a fermentação.

2. A partir da quantidade de sacarose consumida, determinar a massa de etanol que deveria ser obtida e o volume de gás carbônico liberado nas CNTP.

3. Determine a massa de carbonato de cálcio que deveria ser obtida a partir do volume de gás carbônico liberado.

4. Considerando a massa de carbonato obtida, determine o rendimento da fermentação.

5. Determine o teor de etanol no destilado com base na Figura 5.5.

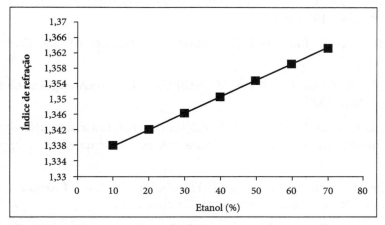

Figura 5.5 Correspondência entre o teor de etanol (E), expresso em percentagem, e o índice de refração (IR). A reta de regressão linear é: IR = 42 · 10^{-5} E + 1,334 (r = 0,99990).

5.6 QUESTÕES DE REVISÃO E FIXAÇÃO

1. Defina fermentação.

2. De que maneira o pH e a temperatura influem nos mecanismos bioquímicos intracelulares?

3. Defina pH.

4. Explique o efeito do pH sobre o crescimento celular.

5. Qual é a importância da agitação do cultivo para o crescimento celular?

6. Cite quatro razões que justificam o uso do S. cerevisiae como micro-organismo modelo para aulas práticas?

7. Por que é necessário fixar um sentido de contagem das células, quando se usa o método da câmara de Neubauer?

8. A contagem de células por meio da câmara de Neubauer é feita em quatro quadrantes reticulados (A, B, C e D) (Figura 5.1). Sabendo que o número de células contadas em A, B, C e D são, respectivamente, iguais a 22, 37, 12 e 18 e que a suspensão original foi diluída quinhentas vezes, calcule o número de células por mm^3.

9. Qual é a importância da imobilização das células de levedura?

10. Por que para a dosagem da sacarose, em termos de ART, deve-se submeter a amostra aos tratamentos ácido (pH = 2,0) e térmico (70 °C) ao mesmo tempo?

5.7 BIBLIOGRAFIA

BON, E. P. S.; FERRARA, M. A.; CORVO, M. L. **Enzimas em biotecnologia**. Rio de Janeiro: Editora Interciência, 2008.

BORZANI, W.; LIMA, U. A.; AQUARONE, E. **Biotecnologia:** engenharia bioquímica. São Paulo: Blucher, 1975. v. 3.

BORZANI, W. et al. **Biotecnologia industrial:** fundamentos. São Paulo: Blucher, 2001. v. 1.

COELHO, M. A. Z.; SALGADO, A. M.; RIBEIRO, B. D. **Tecnologia enzimática**. Rio de Janeiro: EPUB, 2008.

COVIZZI, L. G. et al. Imobilização de células microbianas e suas aplicações biotecnológicas. **Semin: Ciências Exatas e Tecnológicas**, Londrina, v. 28, n. 2, p. 143-160, 2007.

VITOLO, M. Invertase. In: SAID, S.; PIETRO, R. C. L. R. (Ed.). **Enzimas como agentes biotecnológicos**. Ribeirão Preto: Legis Summa, 2014.

VITOLO, M. et al. **Biotecnologia farmacêutica:** aspectos sobre aplicação industrial. São Paulo: Blucher, 2015.

CAPÍTULO 6
BIORREATORES

6.1 OBJETIVO

Propor experimentos com biorreatores operados em regimes descontínuo, descontínuo alimentado e contínuo.

6.2 TEORIA

Define-se **biorreator** como sendo um reator químico convencional adaptado para operar com biocatalisadores (células, enzimas, organelas). Quando o biorreator é operado com enzima, recebe o nome particular de **biorreator enzimático**.

O biorreator consiste em um recipiente no qual são introduzidos os componentes do meio reacional desejado, munidos de um sistema para controlar a temperatura (geralmente, o recipiente é envolto externamente por uma jaqueta dentro da qual circula o fluido na temperatura estabelecida para a reação) e de um agitador (mecânico ou magnético, dependendo da viscosidade do meio de reação e das dimensões do biorreator) para manter homogêneo o meio reacional. Há casos, no entanto, em que a agitação do meio não é desejada, como nos chamados **reatores contínuos de leito fixo**, nos quais o meio reacional é uma coluna de material insolúvel, contendo o biocatalisador (enzima, principalmente), por meio da qual passa a solução contendo o substrato a ser transformado.

A maneira pela qual a solução de substrato é introduzida no biorreator define se opera de modo descontínuo, descontínuo alimentado ou contínuo.

No biorreator descontínuo, todos os componentes do meio reacional são adicionados desde o início do processo, e a reação ocorre por um tempo pré-fixado sob condições definidas de reação. No biorreator contínuo, no qual somente o biocatalisador é retido no interior do recipiente, a solução de substrato e a do produto é introduzida e removida, respectivamente, de modo intermitente e com vazão constante. A eficiência da conversão vai depender, nesse caso, do tempo necessário para renovar todo o volume do meio de reação no interior do biorreator. O referido tempo, comumente chamado "tempo de residência (t_R)", depende da relação entre o volume do meio no interior do recipiente (V_R) e sua vazão de alimentação (Q), ou seja, $t_R = V_R \div Q$. Já no biorreator descontínuo alimentado são colocados todos os componentes do meio reacional, exceto a substância (substrato) a ser convertida. A solução de partida ocupa certo volume inicial (V_i). A solução de substrato é adicionada ao reator de tal maneira que o volume reacional passa de V_i para V_f (volume final) após um tempo fixado previamente ("tempo de enchimento"). Sucede que, nesse caso, o tempo de enchimento e a variação de volume $(\Delta V = V - V_i)$ são variáveis do sistema, que vão depender da vazão de alimentação do biorreator, que, por sua vez, varia conforme a lei de adição da solução de substrato adotada para o enchimento do recipiente.

A lei de adição pode seguir inúmeras funções matemáticas, porém as mais frequentes são as leis de adição linear crescente ou decrescente, constante e exponencial crescente ou decrescente (Tabela 6.1). Algumas são sugeridas para execução de experimentos elencados adiante.

Tabela 6.1 Equações referentes às leis de adição comumente usadas no enchimento de biorreatores operados por processos descontínuos alimentados – ϕ = vazão de alimentação (L/h); ϕ_0 = vazão de alimentação inicial (L/h); k = constante de adição (L/h²) ou (h⁻¹); θ = tempo de enchimento (h) e t = tempo de adição (h)

Lei	Equação	Forma integrada
Linear crescente*	$\phi = \phi_o + k \cdot t$	$V_{ad} = (V - V_o) = \phi_o \cdot t + (k \cdot t^2)/2$
Linear decrescente*	$\phi = \phi_o - k \cdot t$	$V_{ad} = (V - V_o) = \phi_o \cdot t - (k \cdot t^2)/2$
Exponencial crescente**	$\phi = \phi_o \cdot e^{k.t}$	$V_{ad} = (V_f - V_o) \cdot [(e^{kt} - 1) \div (e^{k\theta} - 1)]$
Exponencial decrescente**	$\phi = \phi_o \cdot e^{-k.t}$	$V_{ad} = (V_f - V_0) \cdot [(e^{-kt} - 1) \div (e^{-k\theta} - 1)]$
Constante	$\phi = (V - V_o)/t$	$V_{ad} = \phi \cdot t$

* k (L/h²).
** k (h⁻¹).

Experimentos de cunho didático, envolvendo biorreatores, podem ser planejados com o uso de enzimas hidrolíticas (proteases, carboidrases etc.) ou de células microbianas intactas (*Zymomonas mobilis* e *Saccharomyces cerevisiae*, por exemplo) que possuam enzimas hidrolíticas ligadas a estruturas extracitoplasmáticas, como a parede celular. Processos biocatalíticos mais complexos, envolvendo

Biorreatores   **137**

enzimas do grupo das desidrogenases (geralmente requerem coenzimas do tipo NAD, NADP etc.), também podem ser planejados com o uso de células microbianas intactas em biorreatores operando nos regimes descritos. No entanto, estes últimos requerem aparelhagem analítica mais sofisticada e custosa.

Os experimentos práticos sugeridos a seguir, usam invertase solúvel ou imobilizada e de células de levedura, com atividade invertásica, livres ou imobilizadas. Independentemente da situação, a invertase catalisa a reação:

$$\text{sacarose} + \textbf{invertase} \rightarrow \text{glicose} + \text{frutose} + \textbf{invertase}$$

A atividade da invertase (v_{inv}) pode ser expressa em termos de açúcares redutores totais formados (ART), uma vez que a sacarose não é um açúcar redutor, enquanto a glicose e a frutose são redutoras. Por conseguinte, o ART pode ser determinado por meio de uma variedade de métodos, sendo os mais comuns baseados nos reativos de Fehling, DNS e Somogyi-Nelson. Nesta série de experimentos, fixou-se o método do reativo DNS.

6.3 REAGENTES E EQUIPAMENTOS

6.3.1 REAGENTES

Invertase comercial, levedura de panificação, ácido acético glacial, acetato de sódio, glicose, sacarose, hidróxido de sódio, ácido clorídrico, fenol, tartarato duplo de sódio e potássio, metabissulfito de sódio e ácido 3,5-dinitrossalicílico (DNS).

6.3.2 EQUIPAMENTOS

Medidor de pH, agitador magnético, agitador de tubos (tipo *vortex*), espectrofotômetro, bomba de vácuo e bomba peristáltica.

6.4 MÉTODO ANALÍTICO

Os açúcares redutores formados são medidos por meio do método colorimétrico, usando o reagente DNS. O reativo de DNS é preparado da seguinte forma: em 1 L de água destilada, dissolver 10,6 g de DNS. A seguir, adicionar 19,8 g de NaOH, 306 g de tartarato duplo de sódio e potássio, 7,6 g de fenol, 8,3 g de metabissulfito de sódio e 400 mL de água destilada. Uma vez preparada a solução, filtrá-la por papel de filtro convencional e acondicioná-la em frasco âmbar. A solução é válida por até seis meses.

A padronização do reativo é feita contra uma solução-padrão de glicose PA na concentração de 0,5 mg/mL. Para obter a curva-padrão, montar o esquema indicado na Tabela 6.2 a seguir.

Tabela 6.2 Esquema experimental para o estabelecimento da curva-padrão referente ao método do DNS para dosagem de açúcares redutores totais

Tubos	Água	Sol. glicose	Sol. DNS	Conc. glicose
(número)	(mL)	(mL)	(mL)	(mg/mL)
Branco	1,0	–	1,0	–
1/1'	0,9	0,1	1,0	0,050
2/2'	0,8	0,2	1,0	0,10
3/3'	0,6	0,4	1,0	0,20
4/4'	0,5	0,5	1,0	0,25
5/5'	0,4	0,6	1,0	0,30
6/6'	0,2	0,8	1,0	0,40
7/7'	-	1,0	1,0	0,50

Montar uma bateria de quinze tubos e colocar em cada um as quantidades indicadas de água, solução de glicose PA e solução de DNS. Colocar os tubos em banho de água fervente por 5 minutos exatos. Em seguida, retirá-los e resfriá-los em água corrente. Completar o volume a 10 mL com água destilada. Homogeneizar e ler a cor desenvolvida em comprimento de onda a 540 nm. Construir a curva-padrão lançando as absorbâncias nas ordenadas e as concentrações de glicose nas abscissas. Estabelecer a equação da reta resultante pelo método de regressão linear dos mínimos quadrados.

6.5 PRÁTICAS

6.5.1 OPERACIONALIZAÇÃO DE BIORREATORES DESCONTÍNUO, CONTÍNUO E DESCONTÍNUO ALIMENTADO

6.5.1.1 Biorreator descontínuo

Em um béquer de 500 mL, colocar 400 mL de tampão acetato 0,05 M (pH 4,6). Deixar sob agitação a 37 °C por 10 minutos. A seguir, dissolver 40 g de sacarose PA. Após a dissolução do açúcar, tomar 1 mL da solução e dosar o ART (t = 0). Depois da tomada da amostra inicial, disparar o cronômetro. A cada 5 minutos retirar 1 mL do

Biorreatores **139**

conteúdo do reator, colocar em tubo de ensaio contendo 1,0 mL do reativo de DNS e imergir o tubo em banho de água fervente por 5 minutos exatos. Em seguida, esfriar e completar o volume a 10 mL com água destilada. Ler a absorbância da cor desenvolvida a 540 nm. O tempo total da reação é de 1 hora. Repetir o procedimento, usando 40 g de glicose PA no lugar da sacarose PA.

6.5.1.1.1 Organizar e analisar os dados obtidos

Fazer o gráfico para ambos os açúcares processados: ART formado *versus* tempo de reação. Se possível, estabelecer as equações das curvas obtidas.

6.5.1.1.2 Questões para responder

1. O volume total das amostras retiradas correspondeu a quanto por cento do volume inicial existente no reator?

2. Há diferença no teor de ART determinado, quando se usa 40 g de sacarose ou glicose PA? Por quê?

3. Uma solução-tampão acetato é feita misturando 463 mL de uma solução-mãe de ácido acético 0,2 M com 37 mL de uma solução-mãe de acetato de sódio (preparada pela dissolução de 16,4 g de acetato de sódio anidro em 1 L de água destilada) e tem seu volume final levado a 1.000 mL com água destilada, após o ajuste do pH em 4,6. Qual é a concentração molar de acetato de sódio na solução-mãe?

   Resposta: 0,2 M.

4. Quais são as concentrações iniciais de sacarose ou glicose PA expressas em molaridade e g/L?

   Resposta: sacarose (100 g/L; 0,292 M), glicose (100 g/L; 0,56 M).

6.5.1.2 Biorreator descontínuo alimentado

Em um béquer de 500 mL de capacidade, colocar 100 mL de tampão acetato 0,05 M (pH 4,6). Uma solução de glicose (10 g/L) é adicionada ao biorreator, segundo uma lei de adição escolhida (ver Tabela 6.1), até determinado volume final (V_f), por dado tempo (θ) pré-fixado e expresso em horas. Os volumes a serem adicionados a cada instante (t) devem ser calculados por meio da equação (na forma integrada) de adição selecionada (Tabela 6.1). Amostras de 1 mL do conteúdo do biorreator são retiradas sempre antes da adição de cada novo volume da solução de glicose, até completar o tempo de enchimento programado (θ). Depois, deve-se realizar a determinação da concentração do açúcar redutor total (ART) pelo método convencional do DNS. A amostra referente ao tempo zero deve ser tomada imediatamente antes do início da adição da solução de glicose.

140   *Guia para aulas práticas de biotecnologia de enzimas e fermentação*

Conforme salientado, no processo descontínuo alimentado, o volume de solução a adicionar depende do tempo total de enchimento e da diferença entre o volume inicial e final do conteúdo do biorreator. Por isso, as equações integradas mostradas na Tabela 6.1 devem ser ajustadas para cada condição específica. Por exemplo, se as condições de enchimento do biorreator fossem $V_i = 0,1$ L; $V_f = 0,4$ L; $\theta = 1$ h (tempo total de enchimento) e $t = 0,1$ h (intervalo de tempo entre duas adições sucessivas), as leis de adição seriam as seguintes:

- Lei de adição linear decrescente
  Da Tabela 6.1 são obtidas as equações:

$$V_{ad} = (V - V_o) = \phi_o \cdot t - \frac{(k \cdot t^2)}{2} \tag{6.1}$$

$$\phi = \phi_o - k \cdot t \tag{6.2}$$

Para tornar a Equação (6.1) aplicável, deve-se determinar ϕ_o e k. Quando $t = \theta$, então $V = V_f$. Logo, a Equação (6.1) transforma-se na Equação (6.3):

$$(V_f - V_o) = \phi_o \cdot \theta - \frac{(k \cdot \theta^2)}{2} \tag{6.3}$$

Sendo a adição linear decrescente, então, no final do enchimento, $\phi = 0$. Portanto, a Equação (6.2) fica: $\phi_o = k \cdot \theta$. Como $\theta = 1$ h, logo, $\phi_o = k$. Substituindo os dados referentes às condições de enchimento na Equação (6.3), tem-se: $0,3 = \phi_o - \dfrac{k}{2}$ ou $0,3 = k - \dfrac{k}{2}$. Logo, $k = 0,6$ L/h^2 e $\phi_o = 0,6$ L/h. Finalmente, a forma operacional da Equação (6.1) é a Equação (6.4):

$$V_{ad} = 0,6 \cdot t - 0,3 \cdot t^2 \tag{6.4}$$

A partir da Equação (6.4) e sabendo que $t = 0,1$ h, constrói-se a Tabela 6.3.

Tabela 6.3 Volumes da solução de glicose (10 g/L) a serem adicionados a cada 0,1 h para adição linear decrescente, segundo a equação $V_{ad} = 0,6t - 0,3 \cdot t^2$

Tempo (h)	V_{ad}* (mL)	V** (mL)	M_{ART}*** (g)	M_{ART} (g) [teórica]
0	57	57		
0,1	108	51		
0,2	153	45		

(continua)

Biorreatores **141**

Tabela 6.3 Volumes da solução de glicose (10 g/L) a serem adicionados a cada 0,1 h para adição linear decrescente, segundo a equação $V_{ad} = 0,6t - 0,3 \cdot t^2$ *(continuação)*

Tempo (h)	V_{ad}* (mL)	V** (mL)	M_{ART}*** (g)	M_{ART} (g) [teórica]
0,3	192	39		
0,4	225	33		
0,5	252	27		
0,6	273	21		
0,7	288	15		
0,8	297	9		
0,9	300	3		
1,0	-	-		

* V_{ad} = volume adicionado até o instante t.
** V= volume a adicionar no instante t.
*** M_{ART} = massa de glicose acumulada até o instante t (determinada pelo método do DNS).

- Lei de adição linear crescente
  Da Tabela 6.1 são obtidas as equações:

$$V_{ad} = (V - V_o) = \phi_o \cdot t + \frac{(k \cdot t^2)}{2} \tag{6.5}$$

$$\phi = \phi_o + k \cdot t \tag{6.6}$$

Para tornar a Equação (6.5) aplicável, deve-se determinar ϕ_o e k. Quando t = θ, então V = V_f. Logo, a Equação (6.5) transforma-se na Equação (6.7):

$$(V_f - V_o) = \phi_o \cdot \theta + \frac{(k \cdot \theta^2)}{2} \tag{6.7}$$

Sendo a adição linear crescente, então no início do enchimento ϕ_o = 0. Portanto, a Equação (6.7) fica $(V_f - V_o) = \frac{(k \cdot \theta^2)}{2}$. Como $(V_f - V_o)$ = 0,3 L e θ = 1 h; logo, k = 0,6 L/h^2. Finalmente, a forma operacional da Equação (6.5) é a Equação (6.8): $V_{ad} = 0,3 \cdot t^2$.

A partir da Equação (6.8) e sabendo que t = 0,1 h, constrói-se uma tabela análoga à Tabela 6.3.

- Lei de adição exponencial crescente
  Da Tabela 6.1 é obtida a equação:

$$V_{ad} = (V_f - V_0) \cdot [(e^{kt} - 1) \div (e^{k\theta} - 1)] \tag{6.9}$$

142 *Guia para aulas práticas de biotecnologia de enzimas e fermentação*

Para tornar a Equação (6.9) aplicável, basta substituir as condições de adição definidas para o experimento – $(V_f - V_0) = 0,3$ L e $\theta = 1$ h – e atribuir à constante de adição exponencial k, que, nesse caso, tem por dimensão o inverso do tempo (h^{-1}), um valor maior do que zero. Seja k = 0,5, a Equação (6.9) toma a forma da Equação (6.10): $V_{ad} = 0,4621 \cdot e^{0,5 \cdot t} - 0,4621$.

Finalmente, a partir da Equação (6.10) e sabendo que t = 0,1 h, constrói-se uma tabela análoga à Tabela 6.3.

- Lei de adição exponencial decrescente
  Da Tabela 6.1 é obtida a equação:

$$V_{ad} = (V_f - V_0) \cdot [(e^{-kt} - 1) \div (e^{-k\theta} - 1)] \tag{6.12}$$

Para tornar a Equação (6.12) aplicável, basta substituir as condições de adição definidas para o experimento – $(V_f - V_0) = 0,3$ L e $\theta = 1$ h – e atribuir à constante de adição exponencial k, que, nesse caso, tem por dimensão o inverso do tempo (h^{-1}), um valor maior do que zero. Seja k = 0,5, a Equação (6.12) toma a forma da Equação (6.13): $V_{ad} = 0,7621 - 0,7621 \cdot e^{-0,5 \cdot t}$.

Finalmente, a partir da Equação (6.13) e sabendo que t = 0,1 h, constrói-se uma tabela análoga à Tabela 6.3.

- Lei de adição constante
  Da Tabela 6.1 são obtidas as equações:

$$\phi = \frac{(V - V_o)}{t} \text{ ou } V_{ad} = \phi \cdot t \tag{6.14}$$

Quando t = θ, tem-se que V = V_f, logo obtém-se a Equação (6.15): $\phi \cdot \theta = (V_f - V_o)$. Introduzindo na Equação (6.15) as condições definidas de adição – $(V_f - V_0) = 0,3$ L e $\theta = 1$ h –, tem-se que $\phi = 0,3/1 = 0,3$ L/h. Logo, a Equação (6.15) se transforma na Equação (6.16): $V_{ad} = 0,3 \cdot t$.

Finalmente, a partir da Equação (6.16) e sabendo que t = 0,1 h, constrói-se uma tabela análoga à Tabela 6.3.

6.5.1.2.1 Organizar e analisar os dados obtidos

Além da construção das tabelas indicadas, fazer os gráficos das seguintes funções:

- $V_{ad} = f(t)$;
- $V = f(t)$, $M_{ART} = f(t)$ e M_{ART} (teórico) $= f(t)$.

6.5.1.2.2 Questões para responder

1. Qual a equação experimental para adição linear decrescente nas condições: θ = 4 h; V_f = 0,8; V_o = 0,2 L? Construa a tabela correspondente aos volumes de meio adicionados até o instante t (V_{ad}) e no instante t (V) para o caso em que t = 0,4 h.

   Resposta: V_{ad} = 0,3t - 0,0375t².

2. Qual a equação experimental para adição exponencial crescente nas condições: θ = 3 h; V_f = 0,8 L; V_o = 0,2 L; k = 0,7 h^{-1}? Construa a tabela correspondente aos volumes de meio adicionados até o instante t (V_{ad}) e no instante t (V) para o caso em que t = 0,2 h.

   Resposta: V_{ad} = 0,0836 · $e^{0,7 \cdot t}$ - 0,0836.

6.5.1.3 Biorreator contínuo

Montar o sistema esquematizado na Figura 6.1 a seguir.

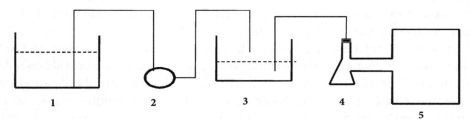

Figura 6.1 Esquema de biorreator operado em regime contínuo, constituído destas partes: reservatório de substrato (1), bomba peristáltica (2), biorreator com agitação (3), reservatório de coleta (4) e bomba de vácuo (5).

No biorreator, colocar dado volume (V_R) de solução de glicose (10 g/L). Tomar uma alíquota para dosar o ART inicial (t = 0). A seguir, iniciar a introdução de água destilada sob vazão constante (Q), com a concomitante retirada de meio de dentro do recipiente. De tempo em tempo, dosar o teor de ART (pelo método do DNS) na saída do reator (líquido acumulado no reservatório de coleta). Sugere-se estabelecer para a duração total do processo um tempo (t) 20% superior ao tempo de residência (t_R) fixado para executar o processo contínuo. Sabendo que $t_R = \dfrac{V_R}{Q}$, então $t = 1,2 \cdot \left(\dfrac{V_R}{Q}\right)$.

6.5.1.3.1 Organizar e analisar os dados obtidos

Fazer um gráfico do tipo ART = f(t).

144   *Guia para aulas práticas de biotecnologia de enzimas e fermentação*

6.5.1.3.2 Questões para responder

1. Sejam dados $V_R = 1$ L e $Q = 5$ L/h. Qual é o valor de t_R?
   Resposta: 0,2 h.

2. Um biorreator contínuo opera com $t_R = 2$ h e volume constante de 10 L. Qual deve ser a vazão de alimentação para que o volume do meio de reação dentro do biorreator não varie com o tempo de processo?
   Resposta: 5 L/h.

3. Sejam dois biorreatores contínuos. Um opera com $t_R = 2$ h e outro com $t_R = 4$ h. Em qual deles o volume de meio é completamente renovado em primeiro lugar?

6.5.2 HIDRÓLISE DA SACAROSE PELA INVERTASE SOLÚVEL EM BIORREATOR DESCONTÍNUO

Em um béquer de 500 mL, colocar 250 mL de solução-tampão acetato 0,01 M (pH 4,6) e deixar o recipiente em banho-maria a 37 °C. Após 10 minutos, dissolver sob agitação (100 rpm) 19,2 g de sacarose PA. Após a dissolução total do açúcar, tomar alíquota de 1 mL da solução e colocar em tubo de ensaio contendo 1 mL de DNS, o qual é posto em banho fervente por 5 minutos (ART no tempo zero). A seguir, adicionar ao béquer 50 mL de solução de invertase (atividade total = 1,50 mg de ART/min), disparando o cronômetro. Retirar alíquotas de 2 mL a cada 10 minutos até completar 60 minutos de reação total. A alíquota retirada é colocada em tubo de ensaio, que é imediatamente imerso em banho de água fervente por 5 minutos exatos. Diluir a amostra adequadamente e, dessa solução diluída, tomar 1 mL e colocar em tubo de ensaio contendo 1 mL do reativo de DNS, o qual deve ser deixado por 5 minutos exatos em banho de água fervente para o desenvolvimento da cor. Completar o volume a 10 mL com água destilada, homogeneizar e realizar leitura da absorbância a 540 nm em espectrofotômetro.

> **OBSERVAÇÃO**
>
> A avaliação do efeito de fatores – como pH (4,0 – 7,0) e temperatura (30 °C – 70 °C) – sobre a atividade da invertase em biorreator descontínuo pode ser efetuada nos moldes descritos no Capítulo 3. Sugere-se repetir o experimento, usando outros valores de atividade total da invertase, como 0,75 mg de ART/min e 3,0 mg de ART/min. Sugere-se repetir o experimento usando diferentes quantidades iniciais de sacarose PA (por exemplo, 4,8 g e 9,6 g).

Biorreatores

145

6.5.2.1 Organizar e analisar os dados obtidos

1. Fazer o gráfico: $ART_{formado} = f(t)$.
2. Calcular o valor da velocidade da reação (v_{inv}).

6.5.2.2 Questões para responder

1. O perfil da curva do gráfico $ART_{formado} = f(t)$ é linear no intervalo $0 \leq t \leq 60$ minutos? Por quê?

2. Por que as amostras retiradas do meio reacional, exceto a referente ao tempo zero de reação enzimática, devem ser diluídas antes do desenvolvimento da cor com o DNS?

3. Por que os tubos de ensaio contendo as amostras retiradas do meio reacional devem ser imediatamente colocados em banho de água fervente?

4. Considerando 300 mL como volume de meio antes do início da reação, qual a concentração inicial de sacarose PA expressa em g/L e molaridade?

   Resposta: 0,187 M; 64 g/L.

5. Qual o rendimento do processo?

6.5.3 HIDRÓLISE DA SACAROSE PELA INVERTASE SOLÚVEL EM BIORREATOR DESCONTÍNUO ALIMENTADO

Em um béquer de 500 mL de capacidade, colocar 50 mL de tampão acetato 0,01 M (pH 4,6) e 50 mL de solução tamponada de invertase (atividade total = 1,50 mg de ART/min)[1], totalizando o volume inicial (V_i) de 100 mL. O enchimento do béquer é feito em 1 hora até atingir o volume final (V_f) de 400 mL pela adição de 300 mL da solução tamponada de sacarose (64 g/L), de acordo com uma das leis de adição indicadas na Tabela 6.1.[2] A agitação e a temperatura são mantidas a 100 rpm e 37 °C. Em intervalo de tempo predeterminado,[3] é feita a adição do correspondente volume da solução de sacarose no reator. Antes de cada adição, é preciso retirar alíquota de 1 mL e colocar em tubo de ensaio, que deve ser imerso em banho de água

---

1 A invertase é dissolvida em tampão acetato 0,01 M (pH 4,6).

2 É preciso lembrar que as equações integradas para cada lei de adição devem ser adaptadas, considerando o tempo total de enchimento (1 hora, no caso descrito) e a diferença entre o volume inicial e o final do conteúdo do reator (300 mL, no caso descrito). Reportar-se à prática da Seção 6.5.1.2 (biorreator descontínuo alimentado) para executar os ajustes necessários para a lei de adição selecionada.

3 A fixação desse tempo é fundamental para a elaboração de tabela análoga à Tabela 6.3, específica para a lei de adição utilizada. Fixando esse tempo em 0,1 hora e lembrando que $\theta = 1$ h e $\Delta V = 0,3$ L, tem-se a Tabela 6.4, que é análoga à Tabela 6.3.

146   *Guia para aulas práticas de biotecnologia de enzimas e fermentação*

fervente por 5 minutos exatos. Diluir a amostra adequadamente e, dessa solução diluí-da, tomar 1 mL e colocar em tubo de ensaio contendo 1 mL do reativo de DNS, o qual é deixado por 5 minutos exatos em banho de água fervente para o desenvolvimento da cor. Completar o volume a 10 mL com água destilada, homogeneizar e realizar a leitura da absorbância a 540 nm em espectrofotômetro.

Tabela 6.4 Volumes da solução de sacarose (64 g/L) a serem adicionados a cada 0,1 hora para a adição linear decrescente, segundo a equação Vad = 0,6t − 0,3.t^2

Tempo (h)	V_{ad}* (mL)	V** (mL)	M_{sac}*** (g)	M_{ART}**** (g)	M_{ART} (g) [teórica]
0	57	57	3,648		
0,1	108	51	3,264		
0,2	153	45	2,880		
0,3	192	39	2,496		
0,4	225	33	2,112		
0,5	252	27	1,728		
0,6	273	21	1,344		
0,7	288	15	0,960		
0,8	297	9	0,576		
0,9	300	3	0,192		
1,0	-	-	-		

* V_{ad} = volume adicionado até o instante t.
** V= volume a adicionar no instante t.
*** M_{sac} = massa de sacarose adicionada no instante t.
**** M_{ART} = massa de ART acumulada até o instante t (determinada pelo método do DNS).

OBSERVAÇÃO

A avaliação do efeito de fatores – como pH (4,0 – 7,0) e temperatura (30 °C – 70 °C) – sobre a atividade da invertase em biorreator descontínuo alimentado pode ser efetuada nos moldes descritos no Capítulo 3. Sugere-se repetir o experimento, usando outros valores de atividade total da inverta-se, como 0,75 mg de ART/min e 3,0 mg de ART/min. Sugere-se repetir o experimento usando soluções de sacarose de concentrações diferentes (por exemplo, 32 g/L e 128 g/L).

Biorreatores

6.5.3.1 Organizar e analisar os dados obtidos

1. Fazer o gráfico: $M_{ART\ formada} = f(t)$.

2. Fazer o gráfico: $M_{ART\ teórica} = f(t)$.

3. Calcular as velocidades real (v_{inv}) e $(v_{inv})_{teórica}$ da reação executada.

6.5.3.2 Questões para responder

1. Os perfis das curvas dos gráficos $M_{ART\ formada} = f(t)$ e $M_{ART\ teórica} = f(t)$ são coincidentes? Por quê?

2. Por que as amostras retiradas do meio reacional devem ser diluídas antes do desenvolvimento da cor com o DNS?

3. Por que os tubos de ensaio contendo as amostras retiradas do meio reacional devem ser imediatamente colocados em banho de água fervente?

4. Qual é o rendimento do processo?

6.5.4 HIDRÓLISE DA SACAROSE PELA INVERTASE IMOBILIZADA EM BIORREATOR DESCONTÍNUO

Em um béquer de 500 mL, colocar 250 mL de solução-tampão acetato 0,01 M (pH 4,6) e deixar o recipiente em banho-maria a 37 °C. Após 10 minutos, dissolver sob agitação (100 rpm) 19,2 g de sacarose PA. Após a dissolução total do açúcar, tomar alíquota de 1 mL da solução e colocar em tubo de ensaio, contendo 1 mL de DNS, o qual é colocado em banho fervente por 5 minutos (ART no tempo zero). A seguir, adicionar ao béquer 50 mL de suspensão de invertase imobilizada[4] (atividade total = 1,50 mg de ART/min), disparando o cronômetro. Retirar alíquotas de 2 mL a cada 20 minutos até completar 2 horas de reação total. A alíquota retirada é colocada em tubo de ensaio, o qual é imediatamente imerso em banho de água fervente por 5 minutos exatos. Diluir a amostra adequadamente e, dessa solução diluída, tomar 1 mL e colocar em tubo de ensaio contendo 1 mL do reativo de DNS, o qual é deixado por 5 minutos exatos em banho de água fervente para desenvolvimento da cor. Completar o volume a 10 mL com água destilada, homogeneizar e realizar a leitura da absorbância a 540 nm em espectrofotômetro.

---

4 A invertase pode ser imobilizada por aprisionamento em hidrogel ou adsorvida em resina de troca iônica, conforme descrito no Capítulo 4.

148   *Guia para aulas práticas de biotecnologia de enzimas e fermentação*

OBSERVAÇÃO

A avaliação do efeito de fatores – como pH (4,0 – 7,0) e temperatura (30 °C – 70 °C) – sobre a atividade da invertase imobilizada em biorreator descontínuo pode ser efetuada nos moldes descritos no Capítulo 3. Sugere-se repetir o experimento usando outros valores de atividade total da invertase, como 3,0 mg de ART/min e 6,0 mg de ART/min.

6.5.4.1 Organizar e analisar os dados obtidos

1. Fazer o gráfico: $ART_{formado} = f(t)$.

2. Calcular o valor da velocidade da reação $(v_{inv})_{imobil}$.

6.5.4.2 Questões para responder

1. O perfil da curva do gráfico $ART_{formado} = f(t)$ é linear no intervalo $0 \leq t \leq 2$ horas? Por quê?

2. Por que as amostras retiradas do meio reacional, exceto a referente ao tempo zero de reação enzimática, devem ser diluídas antes do desenvolvimento da cor com o DNS?

3. Por que os tubos de ensaio contendo as amostras retiradas do meio reacional devem ser imediatamente colocados em banho de água fervente? Seria possível abolir esse procedimento? Por quê?

4. Qual é o rendimento do processo?

6.5.5 HIDRÓLISE DA SACAROSE PELA INVERTASE IMOBILIZADA EM BIORREATOR DESCONTÍNUO ALIMENTADO

Em um béquer de 500 mL de capacidade, colocar 50 mL de tampão acetato 0,01 M (pH 4,6) e 50 mL de suspensão de invertase imobilizada[5] (atividade total = 1,50 mg de ART/min), totalizando o volume inicial (V_i) de 100 mL. O enchimento do béquer é feito em 1 hora até atingir o volume final (V_f) de 400 mL pela adição de 300 mL da solução tamponada de sacarose (64 g/L), de acordo com uma das leis de adição indicadas na Tabela 6.1.[6] A agitação e a temperatura são mantidas a 100 rpm e 37 °C.

---

5 A invertase pode ser imobilizada por aprisionamento em hidrogel ou adsorvida em resina de troca iônica, conforme descrito no Capítulo 4. A suspensão é feita em tampão acetato 0,01 M (pH 4,6).

6 É preciso lembrar que as equações integradas para cada lei de adição devem ser adaptadas conside-

Biorreatores

149

Em intervalo de tempo predeterminado,[7] é feita a adição do correspondente volume da solução de sacarose no reator. Antes de cada adição, deve-se retirar alíquota de 1 mL e colocar em tubo de ensaio, que precisa ser imerso em banho de água fervente por 5 minutos exatos. Diluir a amostra adequadamente e, dessa solução diluída, tomar 1 mL e colocar em tubo de ensaio contendo 1 mL do reativo de DNS, o qual é deixado por 5 minutos exatos em banho de água fervente para o desenvolvimento da cor. Completar o volume a 10 mL com água destilada, homogeneizar e realizar a leitura da absorbância a 540 nm em espectrofotômetro.

OBSERVAÇÃO

A avaliação do efeito de fatores – como pH (4,0 – 7,0) e temperatura (30 °C – 70 °C) – sobre a atividade da invertase em biorreator descontínuo alimentado pode ser efetuada nos moldes descritos no Capítulo 3. Sugere-se repetir o experimento usando outros valores de atividade total da invertase, como 0,75 mg de ART/min e 3,0 mg de ART/min. Sugere-se repetir o experimento usando soluções de sacarose de concentrações diferentes (por exemplo, 32 g/L e 128 g/L).

6.5.5.1 Organizar e analisar os dados obtidos

1. Fazer o gráfico: $M_{ART\ formada} = f(t)$.

2. Fazer o gráfico: $M_{ART\ teórica} = f(t)$.

3. Calcular as velocidades real (v_{inv}) e $(v_{inv})_{teórica}$ da reação executada.

6.5.5.2 Questões para responder

1. Os perfis das curvas dos gráficos $M_{ART\ formada} = f(t)$ e $M_{ART\ teórica} = f(t)$ são coincidentes? Por quê?

---

rando o tempo total de enchimento (1 hora, no caso descrito) e a diferença entre o volume inicial e final do conteúdo do reator (300 mL, no caso descrito). Reportar-se à prática da Seção 6.5.1.2 (biorreator descontínuo alimentado) para executar os ajustes necessários para a lei de adição selecionada.

7 A fixação desse tempo é fundamental para a elaboração da tabela específica para a lei de adição utilizada. Determinando esse tempo em 0,1 hora e lembrando que $\theta = 1$ h e $\Delta V = 0,3$ L, elabora-se uma tabela análoga à Tabela 6.3.

150   *Guia para aulas práticas de biotecnologia de enzimas e fermentação*

2. Por que as amostras retiradas do meio reacional devem ser diluídas antes do desenvolvimento da cor com o DNS?

3. Qual é o rendimento do processo?

6.5.6 HIDRÓLISE DA SACAROSE PELA INVERTASE LIGADA À PAREDE CELULAR DA LEVEDURA DE PANIFICAÇÃO

6.5.6.1 Biorreator descontínuo

Em um béquer de 500 mL, colocar 250 mL de solução-tampão acetato 0,01 M (pH 4,6) e deixar o recipiente em banho-maria a 37 °C. Após 10 minutos, dissolver sob agitação (100 rpm) 19,2 g de sacarose PA. Depois da dissolução total do açúcar, tomar alíquota de 1 mL da solução e colocar em tubo de ensaio, contendo 1 mL de DNS, posto em banho fervente por 5 minutos (ART no tempo zero). A seguir, adicionar ao béquer 50 mL de suspensão de células de levedura (2 g de massa seca/L), disparando o cronômetro. Retirar alíquotas de 2 mL a cada 10 minutos até completar 60 minutos de reação total. A alíquota retirada é colocada em tubo de ensaio, que é imediatamente imerso em banho de água fervente por 5 minutos exatos. Diluir a amostra adequadamente e, dessa solução diluída, tomar 1 mL e colocar em tubo de ensaio contendo 1 mL do reativo de DNS, que é deixado por 5 minutos exatos em banho de água fervente para o desenvolvimento da cor. Completar o volume a 10 mL com água destilada, homogeneizar e realizar a leitura da absorbância a 540 nm em espectrofotômetro.

OBSERVAÇÃO

A avaliação do efeito de fatores – como pH (4,0 – 7,0) e temperatura (30 °C – 70 °C) – sobre a atividade invertásica da levedura em biorreator descontínuo pode ser efetuada nos moldes descritos no Capítulo 3. Sugere-se repetir o experimento usando outros valores de massa celular seca, como 1 g de massa seca/L e 4,0 g de massa seca/L. Sugere-se repetir o experimento usando diferentes quantidades iniciais de sacarose PA (por exemplo, 4,8 g e 9,6 g).

■

6.5.6.1.1 Organizar e analisar os dados obtidos

1. Fazer o gráfico: $ART_{formado} = f(t)$.

2. Calcular o valor da velocidade da reação ($v_{células}$).

Biorreatores

6.5.6.1.2 Questões para responder

1. O perfil da curva do gráfico $ART_{formado} = f(t)$ é linear no intervalo $0 \leq t \leq 60$ minutos? Por quê?

2. Por que as amostras retiradas do meio reacional, exceto a referente ao tempo zero de reação enzimática, devem ser diluídas antes do desenvolvimento da cor com o DNS?

3. Por que os tubos de ensaio contendo as amostras retiradas do meio reacional devem ser imediatamente colocados em banho de água fervente?

4. Considerando 200 mL como volume de meio antes do início da reação, qual a concentração inicial de sacarose PA expressa em g/L e molaridade?
Resposta: 0,28 M; 96 g/L.

5. Qual é o rendimento do processo?

6.5.6.2 Biorreator descontínuo alimentado

Em um béquer de 500 mL de capacidade, colocar 50 mL de tampão acetato 0,01 M (pH 4,6) e 50 mL de suspensão tamponada de células de levedura (2 g de massa seca/L),[8] totalizando o volume inicial (V_i) de 100 mL. O enchimento do béquer é feito em 1 hora até atingir o volume final (V_f) de 400 mL pela adição de 300 mL da solução tamponada de sacarose (64 g/L), de acordo com uma das leis de adição indicadas na Tabela 6.1.[9] A agitação e a temperatura são mantidas a 100 rpm e 37 °C. Em intervalo de tempo predeterminado,[10] é feita a adição do correspondente volume da solução de sacarose ao reator. Antes de cada adição, é preciso retirar alíquota de 1 mL e colocar em tubo de ensaio, que deve ser imerso em banho de água fervente por 5 minutos exatos. Diluir a amostra adequadamente e, dessa solução diluída, tomar 1 mL e colocar em tubo de ensaio contendo 1 mL do reativo de DNS, o qual é deixado por 5 minutos exatos em banho de água fervente para o desenvolvimento da cor. Completar o volume a 10 mL com água destilada, homogeneizar e realizar a leitura da absorbância a 540 nm em espectrofotômetro.

---

8 As células são suspensas em tampão acetato 0,01 M (pH 4,6).

9 É preciso lembrar que as equações integradas para cada lei de adição devem ser adaptadas, considerando o tempo total de enchimento (1 hora, no caso descrito) e a diferença entre o volume inicial e final do conteúdo do reator (300 mL, no caso descrito). Reportar-se à prática da Seção 6.5.1.2 (biorreator descontínuo alimentado) para executar os ajustes necessários para a lei de adição selecionada.

10 A fixação desse tempo é fundamental para a elaboração de tabela específica para a lei de adição utilizada. Fixando esse tempo em 0,1 hora e lembrando que $\theta = 1$ h e $\Delta V = 0,3$ L, obtém-se uma tabela análoga à Tabela 6.3.

> **OBSERVAÇÃO**
>
> A avaliação do efeito de fatores – como pH (4,0 – 7,0) e temperatura (30 °C – 70 °C) – sobre a atividade invertásica de células de levedura em biorreator descontínuo alimentado pode ser efetuada nos moldes descritos no Capítulo 3. Sugere-se repetir o experimento usando outros valores de massa celular seca, como 1 g de massa seca/L e 4,0 g de massa seca/L. Sugere-se repetir o experimento usando soluções de sacarose de concentrações iniciais diferentes (por exemplo, 32 g/L e 128 g/L). ∎

6.5.6.2.1 Organizar e analisar os dados obtidos

1. Fazer o gráfico: $M_{ART\,formada} = f(t)$.

2. Fazer o gráfico: $M_{ART\,teórica} = f(t)$.

3. Calcular as velocidades real (v_{inv}) e $(v_{inv})_{teórica}$ da reação executada.

6.5.6.2.2 Questões para responder

1. Os perfis das curvas dos gráficos $M_{ART\,formada} = f(t)$ e $M_{ART\,teórica} = f(t)$ são coincidentes? Por quê?

2. Por que as amostras retiradas do meio reacional devem ser diluídas antes do desenvolvimento da cor com o DNS?

3. Por que os tubos de ensaio contendo as amostras retiradas do meio reacional devem ser imediatamente colocados em banho de água fervente?

4. Qual é o rendimento do processo?

6.5.7 EMPREGO DA LEVEDURA DE PANIFICAÇÃO APRISIONADA EM HIDROGEL NA HIDRÓLISE DA SACAROSE EXECUTADA EM BIORREATOR CONTÍNUO COM AGITAÇÃO CONSTANTE

Montar o sistema esquematizado na Figura 6.1.

No biorreator, colocar dado volume (V_R) de solução tamponada de sacarose (64 g/L).[11] Tomar uma alíquota para dosar o ART inicial (t = 0). A seguir, adicionar uma quantidade de *pellets* contendo um total de 2 g células de levedura (em base

---

11 Solução-tampão acetato 0,01 M (pH 4,6).

Biorreatores 153

seca)[12] e iniciar a alimentação do reator com a solução de sacarose (64 g/L) sob vazão constante (Q) com a concomitante retirada de meio de dentro do recipiente. De tempo em tempo, dosar o teor de ART (pelo método do DNS) na saída do reator. Sugere-se estabelecer para a duração total do processo um tempo (t) 20% superior ao tempo de residência (t_R), fixado para executar o processo contínuo. Sabendo que $t_R = \dfrac{V_R}{Q}$, então $t = 1,2 \cdot \left(\dfrac{V_R}{Q} \right)$.

6.5.7.1 Organizar e analisar os dados obtidos

Fazer um gráfico do tipo ART = f(t).

6.5.7.2 Questões para responder

1. Dados: $V_R = 5$ L e Q = 20 L/h. Qual é o valor de t_R?

   Resposta: 0,25 h.

2. Um biorreator contínuo opera com $t_R = 5$ h e volume constante de 10 L. Qual deve ser a vazão de alimentação para que o volume do meio de reação dentro do biorreator não varie com o tempo de processo?

   Resposta: 2 L/h.

3. Por que a amostra obtida na saída do biorreator contínuo não é colocada em banho fervente como nos experimentos anteriores?

6.6 QUESTÕES DE REVISÃO E FIXAÇÃO

1. No que um açúcar redutor difere de um não redutor? Cite dois dissacarídeos redutores, indicando, em suas estruturas moleculares, o grupo químico responsável por essa característica.

2. Por que no processo descontínuo alimentado as formas integradas das leis de adição devem ser ajustadas em função do tempo de enchimento do reator (θ) e da variação entre os volumes inicial e final do conteúdo do reator (ΔV)?

3. Por que nos experimentos executados em biorreator descontínuo e descontínuo alimentado, quando foi empregada a invertase imobilizada, sugeriu-se o aumento do tempo total de reação?

4. O experimento da prática da Seção 6.5.7 propõe o emprego de um biorreator contínuo de leito fluidizado, ou seja, o meio reacional é mantido sob agitação durante todo o processo. É possível reproduzir o experimento em um reator desprovido de agitação? Justifique a resposta.

---

12 Os *pellets* de hidrogel são preparados conforme descrito no Capítulo 4.

6.7 BIBLIOGRAFIA

LUCARINI, A. C. **Hidrólise contínua de sacarose em um reator enzimático com membrana**. 2003. 212 f. Tese (Doutorado) – Faculdade de Ciências Farmacêuticas, Universidade de São Paulo, São Paulo, 2003.

SILVA, A. R. **Conversão multienzimática da sacarose em frutose e ácido glicônico usando reatores descontínuo e contínuo**. 2010. 75 f. Dissertação (Mestrado) – Faculdade de Ciências Farmacêuticas, Universidade de São Paulo, São Paulo, 2010.

TARABOULSI Jr., F. A. **Enzimas microbianas na conversão da sacarose em frutose e ácido glicônico usando reatores descontínuo-alimentado e contínuo com membrana**. 2010. 98 f. Dissertação (Mestrado) – Faculdade de Ciências Farmacêuticas, Universidade de São Paulo, São Paulo, 2010.

TARABOULSI Jr., F. A.; TOMOTANI, E. J.; VITOLO, M. Multienzymatic sucrose conversion into fructose and gluconic acid through fed-batch and membrane-continuous process. **Applied Biochemistry and Biotechnology**, Clifton, v. 165, p. 1708-24, 2011.

RESOLUÇÃO DAS QUESTÕES DE REVISÃO E FIXAÇÃO E DOS PROBLEMAS PROPOSTOS EM "QUESTÕES PARA RESPONDER"

CAPÍTULO 1

1. $[H_3O^+] = 5,7 \cdot 10^{-9}$ M

   $pH = -Log [H_3O^+] = - Log (5,7 \cdot 10^{-9}) = 8,24$.

2. Aminoácidos em mistura podem ser separados por meio da propriedade de adquirir carga elétrica efetiva (positiva ou negativa), conforme o pH do meio em que se encontram.

3.

	HAc $\leftrightarrows$	H_3O^+ +	Ac^-
Início:	0,05	0	0
Equilíbrio:	(0,05 – x)	x	x

   Considerando 2% de dissociação, ou seja, 0,02, no equilíbrio, tem-se:

   $[HAc] = 0,049$ $[H_3O^+] = 0,001$ $[Ac^-] = 0,001$

   $pH = -Log [H_3O^+] = -Log (1 \cdot 10^{-3}) = 3,0$.

4. $H_2PO_4^- \leftrightarrows HPO_4^{-2} + H_3O^+$

   Moles totais $= 25 \cdot 0,06 = 1,5$ mol

   $$pH = pKa + Log\left(\frac{HPO_4^{-2}}{H_2PO_4^-}\right)$$

$$7,35 = 7,20 + Log\left[\frac{x}{(1,5-x)}\right]$$

$$Log\left[\frac{x}{(1,5-x)}\right] = 0,15$$

$$\left[\frac{x}{(1,5-x)}\right] = 10^{0,15} = 1,413$$

$x = 2,12 - 1,413x$

$x = 0,878$ mol $= [HPO_4^{-2}]$ e $[H_2PO_4^{-}] = 1,5 - 0,878 = 0,622$ mol.

Quando se quer preparar o tampão usando os sais KH_2PO_4 (MM = 136,1) e K_2HPO_4 (MM = 174,2), a massa de cada um dos sais para perfazer o total de moles constituintes do tampão seria $[KH_2PO_4] = 84,7$ g $= (0,622 \cdot 136,1)$ e $[K_2HPO_4] = (0,878 \cdot 174,2) = 153$ g.

Finalmente, em 10 L de água destilada, dissolver 153 g de K_2HPO_4 e 84,7 g de KH_2PO_4. Após a dissolução completa dos sais, completar o volume a 25 L.

5.

$$NH_4OH \rightleftharpoons NH_4^+ + HO^-$$

Início: 0,025M   0   0

Equilíbrio: (0,025 – y)   y   y

pH + pOH = 14

10,83 + pOH = 14   pOH = 3,17

pOH = Log $[1/(HO^-)]$ = 3,17 $1/(HO^-) = 10^{3,17}$, logo $(HO^-) = 6,76 \cdot 10^{-4}$ M = y

$$K_{eq} = \left[\frac{(y \cdot y)}{(0,025 - y)}\right] = \left[\frac{(NH_4^+) \cdot (HO^-)}{(NH_4OH)}\right]$$

Substituindo: $K_{eq} = \dfrac{(6,76 \cdot 10^{-4})^2}{(0,025 - 6,76 \cdot 10^{-4})} = 1,88 \cdot 10^{-5}$ M.

6.

$$HAc \rightleftharpoons Ac^- + H^+$$

Início: 0,3   0   0

Equilíbrio: (0,3 – x)   x   x

pH = 4,86; pKa = 4,77

$$4,86 = 4,77 + Log\left[\frac{(Ac^-)}{(HAc)}\right]$$

$$\text{Log}\left[\frac{x}{(0,3-x)}\right] = 0,09 \qquad \left[\frac{x}{(0,3-x)}\right] = 10^{0,09} = 1,23$$

$x = 0,369 - 1,23x \qquad x = 0,166\ M = (Ac^-)$

Logo, $(HAc) = 0,3 - 0,166 = 0,134\ M$

Assim sendo, em 1 L tem-se $(Ac^-) = 0,166\ M$ e $(HAc) = 0,134\ M$; em 10 L $(Ac^-) = 1,66\ M$ e $(HAc) = 1,34\ M$.

Por conseguinte:

Solução de HAc 2 M:

2 mol de HAc ------------------ 1 L

3 mol de HAc ---------------- y   y = 1,5 L

Portanto, é necessário 1,5 L da solução estoque de HAc 2 M.

Solução de KOH 2,2 M:

2,2 mol de KOH ------------------ 1 L

1,66 mol ---------------------------- z   z = 0,76 L

Finalmente, em um béquer, adicionar 1,5 L da solução de HAc 2 M e 0,76 L da solução de KOH 2,2 M e levar ao volume final (10 L) adicionando água destilada.

7. (FALSO) O conceito de par conjugado ácido/base é consequência da teoria de Arrhenius. **O correto seria:** o conceito de par conjugado ácido/base é consequência do conceito de pH estabelecido por Sorensen e correlacionado matematicamente pela equação de Henderson-Hasselbalch.

   (FALSO) $pH = pK_a + \text{Log}\,(HA)/(A^-)$. **O correto seria:** $pH = pKa + \text{Log}\,(A^-)/(HA)$.

   (CORRETO) Tampão é uma solução formada por um par conjugado ácido/base que resiste às mudanças de pH.

   (FALSO) O pK_a e o pH são parâmetros que não se correlacionam. **O correto seria:** se correlacionam por meio da equação de Henderson-Hasselbalch.

   (FALSO) $pH = \log\,(H_3O^+)$. **O correto seria:** $pH = -\,\text{Log}\,(H_3O^+) = \text{Log}\left[\dfrac{1}{(H_3O^+)}\right]$.

8. Porque o par conjugado ácido/base se encontra em equilíbrio.

9. $$pH = 10,2 + \text{Log}\left\{\frac{\left[\gamma_{CO_3^{2-}} \cdot (CO_3^{-2})\right]}{\left[\gamma_{H_{CO_3^-}} \cdot (HCO_3^-)\right]}\right\}$$

   $$pH = 10,2 + \text{Log}\left[\frac{(0,903 \cdot 0,001)}{(0,975 \cdot 0,001)}\right] = 10,17.$$

158   *Guia para aulas práticas de biotecnologia de enzimas e fermentação*

CAPÍTULO 2

QUESTÕES DE REVISÃO E FIXAÇÃO

1. Ficina e papaína obtidas do látex do figo e do mamão papaia, respectivamente.

2. Não. Há fonte microbiana, a qual se constitui na mais importante fonte de enzimas na atualidade.

3. EC = Enzyme Commission.

   a = classe [como a bromelina é uma hidrolase, então, pela convenção da União Internacional de Bioquímica (UIB), a classe das hidrolases recebeu a designação "3"].

   b = subclasse [a bromelina é uma hidrolase que rompe ligações éster e amida. De acordo com a UIB, as hidrolases que hidrolisam essas ligações receberam a designação "4"].

   c = subsubclasse [a bromelina hidrolisa ligações amida de peptídeos e proteínas. De acordo com a UIB, as hidrolases que hidrolisam ligações amida de peptídeos e proteínas receberam a designação "22"].

   d = ordem [a bromelina hidrolisa preferencialmente as ligações amidas formadas pelos aminoácidos fenilalanina e serina. De acordo com a UIB, as hidrolases que hidrolisam ligações amida entre esses aminoácidos receberam a designação "32"].

4. Sim, porque é formada pela agregação de vários peptídeos. A massa molar da enzima é da ordem de 490 kDa, a qual está dividida entre vários peptídeos de 30 kDa cada.

5.

   ( ) O método de Lowry não é indicado para dosar a proteína solúvel total de uma amostra. [Incorreta, uma vez que o método de Lowry permite justamente determinar o total de proteína solúvel em uma amostra.]

   ( ) A cor desenvolvida no método de Bradford é lida em $\lambda < 300$ nm. [Incorreta, $\lambda = 595$ nm.]

   (X) O método de Kjehldal é indicado para dosar proteína insolúvel total de uma amostra.

   ( ) O método do biureto é mais sensível que o de Bradford para medida do teor de proteína solúvel total de uma amostra. [Incorreta, porque as concentrações de proteína determinadas por meio dos métodos do biureto e de Bradford são, respectivamente, 10 mg/mL e 0,04 mg/mL.]

   ( ) A proteína total do farelo de soja pode ser dosada pelo método do biureto. [Incorreta, porque o único método disponível para dosar proteína total insolúvel é o de Kjehldal.]

Resolução das questões de revisão e fixação e dos problemas propostos em "questões para responder" **159**

6.

   a) $A_{340} = 4{,}0 \cdot 10^{-5} \cdot 2 \cdot 6.220 = 0{,}498.$

   $A_{260} = 4{,}0 \cdot 10^{-5} \cdot 2 \cdot 15.000 = 1{,}2.$

   b) $^{NADH}A_{340} = 3{,}5 \cdot 10^{-6} \cdot 2 \cdot 6220 = 0{,}04354.$

   $^{260}A_t = 3{,}5 \cdot 10^{-6} \cdot 2 \cdot 15.000 + 1{,}1 \cdot 10^{-5} \cdot 2 \cdot 15.400 = 0{,}444.$

7. Sim. Coloca-se amilose misturada com ágar-ágar.

8.

   a) SACAROSE — **Invertase** → GLICOSE + FRUTOSE

   b) UREIA — **Urease** → HIDRÓXIDO DE AMÔNIO + GÁS CARBÔNICO

   c) GLICOSE + DNS → ÁCIDO GLICÔNICO + $DNS_{REDUZIDO}$

   d) Não ocorre reação, porque a invertase só hidrolisa ligações osídicas do tipo β formada necessariamente entre a hidroxila do C1 da frutose e uma das hidroxilas de qualquer hexose ou pentose.

QUESTÕES PARA RESPONDER

Item 2.5.1.2

3. Solução padrão de proteína = 10 mg/mL

   1 mL .... 10 mg

   0,5 mL x   x = 5 mg [Absorbância (A_p) = 0,16]

   Concentração da solução amostra de proteína = ?

   Tomou-se 0,5 mL da solução amostra e misturou-se com 1,5 mL de água destilada. A solução original de proteína foi diluída 4 vezes. Um mililitro dessa diluição foi misturado com 1 mL de água destilada e 8 mL de reativo do biureto, dando uma absorbância (A_a) igual a 0,20.

   Então,

   5 mg .... 0,16 (A_p)

   y .... 0,20 (A_a)   y = 6,25 mg

   Como a solução amostra de proteína foi diluída quatro vezes, a concentração da amostra original era de 25 mg/mL.

Item 2.5.2.2

3. Solução padrão de proteína = 10 mg/mL

1 mL .... 10 mg

0,4 mL x   x = 4 mg [Absorbância (A_p) = 0,22]

Concentração da solução amostra de proteína = ?

Tomou-se 0,1 mL da solução amostra e misturou-se com 1,9 mL de água destilada. A solução original de proteína foi diluída 20 vezes. Um mililitro dessa diluição foi misturado com 1 mL de água destilada e 8 mL do reativo de Bradford, dando uma absorbância (A_a) igual a 0,12.

Então,

4 mg .... 0,22 (A_p)

y .... 0,12 (A_a)   y = 2,182 mg

Como a solução amostra de proteína foi diluída vinte vezes, a concentração da amostra original era de 43,64 mg/mL.

Item 2.5.3.2

3. y = 0,002175 · x – 0,002

    0,265 = 0,002175 · x – 0,002   x = 122,8 µg

Item 2.5.6.2

2. y = 0,2285 · x + 0,0044

    0,412 = 0,2285 · x + 0,0044   x = 1,78 mg

    Como o suco original foi diluído 1:3 (1 mL de suco + 3 mL de água destilada), então a amostra original foi diluída quatro vezes. Logo, a concentração de proteína na amostra original era de 7,14 mg/mL.

Item 2.5.7.2

1. Considerar para base de cálculo o volume de 1 L.

    Massas molares do $(NH_4)_2SO_4$ e $Ba(NO_3)_2$, respectivamente iguais a 132 g/mol e 261,33 g/mol.

    Para a solução de $(NH_4)_2SO_4$ 0,5 mM:

    0,5 mM = $0,5 \times 10^{-3}$ mol/L, logo a massa de $(NH_4)_2SO_4$ é igual a 0,066g.

Resolução das questões de revisão e fixação e dos problemas propostos em "questões para responder" **161**

Por conseguinte,

132 g $(NH_4)_2SO_4$ .... 28 g de N

0,066g x   x = 0,014 g de N

Concentração de $Ba(NO_3)_2$ contendo o mesmo teor de nitrogênio (N):

261,33 g $Ba(NO_3)_2$ .... 28 g de N

y .... 0,014 g de N   y = 0,131g

Como número de moles (n) = massa ÷ MASSA MOLAR = 0,131 ÷ 261,33 = 0,0005 moles de $Ba(NO_3)_2$. Ou seja, a concentração de $Ba(NO_3)_2$ é igual a 0,5 mM.

CAPÍTULO 3

1. As formas mais comuns são pó e/ou solução tamponada.

2. A afirmação está incorreta, porque em um preparado enzimático apresentado na forma de pó seco o teor de água é tão pequeno – ou seja, a atividade de água é muito baixa, no jargão técnico – que eventuais micro-organismos contaminantes não se desenvolvem.

3.

   ( ) a coenzima [liga-se ao sítio ativo da enzima, dependendo da presença do substrato no meio reacional].

   ( ) o inibidor reversível competitivo [liga-se fracamente ao sítio ativo da enzima].

   ( ) o inibidor irreversível [liga-se fortemente a um grupo químico localizado, preferencialmente, no sítio ativo da enzima].

   ( ) o íon metálico [atua em domínio específico da macromolécula, geralmente no sítio ativo da enzima ou próximo a ele].

   (X) a temperatura [seu efeito é sentido em qualquer domínio da estrutura da enzima; aquele domínio, que possui maior quantidade de ligações termolábeis, sofre desarranjo estrutural mais rápido e intenso do que as demais partes da macromolécula. É a partir desse domínio que as estruturas 3ária e/ou 4ária começam a desarranjar-se].

4. O inibidor enzimático é uma substância que, quando presente no meio de reação, reduz a atividade catalítica da enzima.

5. São três, a saber, competitivo, não competitivo e incompetitivo.

162   *Guia para aulas práticas de biotecnologia de enzimas e fermentação*

6.

( ) A concentração inicial de substrato não afeta a atividade enzimática. [Errada. A concentração inicial de substrato influi sobre a velocidade da reação catalisada pela enzima, principalmente na condição de não saturação da enzima pelo substrato.]

(X) A $V_{máx}$ depende da temperatura da reação na qual é determinada.

( ) A equação de Arrhenius pode ser escrita simplificadamente desta forma:

$$k = \frac{\left(K_M \cdot K_i\right)}{E_a}$$. [Errada. Ver Equação (3.1) na introdução do capítulo.]

( ) Na inibição reversível não competitiva, substrato e inibidor excluem-se mutuamente. [Errada. Nesse tipo de inibição, substrato e inibidor ligam-se em domínios distintos da molécula da enzima; portanto, não têm por que se excluírem mutuamente.]

( ) Quando K_M = 5 S, então $V_{máx}$ = 2.v. [Errada. A condição $V_{máx}$ = 2 · v só se verifica quando K_M = S.]

7. A atividade da enzima frente ao pH refere-se ao desempenho da enzima durante a reação (se o pH do meio reacional não for o ótimo, então a molécula da enzima – por meio do maior ou menor grau de ionização dos grupos ionizáveis localizados nas cadeias laterais dos aminoácidos constituintes da estrutura 1[ária] – vai estar em uma conformação não ideal para a catálise), enquanto a estabilidade da enzima frente ao pH refere-se à resistência da enzima, quando deixada em solução tamponada a dado valor de pH por um tempo fixo (geralmente o tempo de duração da reação na qual a enzima é usada).

8. A energia de ativação (E_a) é a menor energia, em geral do tipo cinético, que as moléculas devem possuir para que, ao se chocar, provoquem o aparecimento de uma nova substância (produto).

9.

( ) R corresponde à constante universal dos gases (também chamada constante de Clapeyron).

(X) *k* representa a constante cinética da reação. [Errada; representa a constante de **velocidade** da reação a dada **temperatura**.]

( ) Ea é a energia de ativação.

( ) T simboliza a temperatura absoluta.

( ) A significa constante de proporcionalidade.

10.

( ) A energia térmica favorece o rompimento das ligações amida entre os aminoácidos glicina e triptofano constituintes da estrutura primária da enzima. [Errada. A energia térmica favorece o rompimento de ligações não covalentes. Nas condições de uso das enzimas, as ligações covalentes (como a amida) não são afetadas.]

Resolução das questões de revisão e fixação e dos problemas propostos em "questões para responder" **163**

( ) A velocidade da reação dobra a cada aumento de 10 °C na temperatura. [Errada. Nem sempre a velocidade da reação catalisada por enzima segue a lei de Van't Hoff.]

(X) A ativação e a desnaturação são eventos que ocorrem simultaneamente.

( ) O efeito da temperatura na atividade da enzima é mais acentuado quando o meio de reação for alcalino. [Errada. Depende de cada tipo de enzima.]

( ) A $V_{máx}$ da reação permanece praticamente constante. [Errada. $V_{máx} = k.(E_0)$, em que (E_0) é a concentração inicial total da enzima e k é a constante de velocidade, cujo valor varia de acordo com a temperatura da reação.]

11. 1.000 µL .... 20 mg de proteína

50 µL x   x = 1 mg de proteína

Logo, a atividade de 50 µL é 100 U.

12. Massa de proteína (enzima pura; MM = 250.000 g/mol) = 2 µg.

Como a unidade (U) é expressa em µmol/min, a velocidade da reação (v) = 2 U.

a) A_{esp} = (atividade) ÷ mg de proteína = $2\ U/2 \cdot 10^{-3} = 1.000$ U/mg de proteína.

b) 2 µg de enzima pura corresponde a n = $(2 \cdot 10^{-6}\ g)/(250.000\ g/mol)$ = $8 \cdot 10^{-12}$ mol.

$A_{esp} = 2\ U/(8 \cdot 10^{-12}\ mol) = 2,5 \cdot 10^{11}$ U/mol de enzima.

13.

( ) $v = \dfrac{V_{máx}}{2}$ e $v = \left(\dfrac{6}{5}\right) \cdot V_{máx}$

( ) $v = \left(\dfrac{5}{6}\right) \cdot V_{máx}$ e $v = 2 \cdot V_{máx}$

( ) $v = \left(\dfrac{5}{8}\right) \cdot V_{máx}$ e $v = \left(\dfrac{8}{6}\right) \cdot V_{máx}$

( ) $v = V_{máx}$ e $v = \left(\dfrac{2}{3}\right) \cdot V_{máx}$

(X) $v = \left(\dfrac{5}{6}\right) \cdot V_{máx}$ e $v = \left(\dfrac{8}{9}\right) \cdot V_{máx}$

$S = 5 \cdot K_M$ $v = \dfrac{\left(V_{máx} \cdot 5 \cdot K_M\right)}{\left(K_M + 5 \cdot K_M\right)} = \left(\dfrac{5}{6}\right) \cdot V_{máx}$

$S = 8 \cdot K_M$ $v = \dfrac{\left(V_{máx} \cdot 8 \cdot K_M\right)}{\left(K_M + 8 \cdot K_M\right)} = \left(\dfrac{8}{9}\right) \cdot V_{máx}$

164   Guia para aulas práticas de biotecnologia de enzimas e fermentação

CAPÍTULO 4

1. A técnica da imobilização permite o reúso da enzima, assim como o uso de reatores operados em regime contínuo.

2. São basicamente dois, a saber, aprisionamento e entrelaçamento.

3. Aleatoriedade da interação enzima suporte e perda de poder catalítico da enzima ligada ao suporte.

4. Aprisionamento (encapsulamento e entrelaçamento) e formação de ligações (adsorção – interação enzima suporte por ligações não covalentes – e formação de ligações covalentes).

5. Porque o substrato natural da bromelina é uma proteína, polímero de alta massa molar e que, dificilmente, atravessaria os poros da película de alginato de cálcio.

6. A afirmação está incorreta, porque a força iônica do meio reacional tem tudo a ver com a estabilidade das ligações de caráter eletrostático, que mantêm a enzima adsorvida ao suporte. Inclusive, não é recomendável usar uma enzima imobilizada por adsorção em meio reacional com alta força iônica, uma vez que os íons presentes iriam neutralizar as cargas eletrostáticas entre a enzima e o suporte, fazendo com que se desprendesse dele.

CAPÍTULO 5

1. A fermentação, em seu sentido amplo, consiste no uso de células de quaisquer origens para a produção de moléculas de interesse econômico.

2. O pH e a temperatura são dois parâmetros fundamentais do processo fermentativo, os quais agem de forma inespecífica no meio intracelular, podendo interferir na atividade catalítica das enzimas, na solubilidade de vários compostos, ou seja, em última análise, no metabolismo primário e secundário das células.

3. O pH é um parâmetro útil para expressar a concentração do íon hidrônio em meio aquoso. É definido como: $pH = -Log(H_3O^+)$, em que (H_3O^+) é concentração do íon hidrônio na solução.

4. O pH influi sobre o crescimento celular tanto pela sua ação sobre as reações intracelulares, cujas velocidades podem aumentar e/ou diminuir em função da sensibilidade das enzimas envolvidas na concentração hidrogeniônica presente no meio ou da variação da solubilidade de um dos reagentes, como pelas proteínas transportadoras de membrana e/ou pelo caráter iônico das substâncias, que devem entrar ou sair do citoplasma.

Resolução das questões de revisão e fixação e dos problemas propostos em "questões para responder" **165**

5. A agitação tem como papel principal facilitar a difusão das substâncias presentes no meio reacional, bem como manter as células em suspensão durante todo tempo de cultivo.

6. (1) É um dos micro-organismos mais estudados e conhecidos.

   (2) Facilidade de seu isolamento e manutenção.

   (3) É uma espécie microbiana atóxica e não patogênica.

   (4) Suas exigências nutricionais são poucas.

7. Para evitar a contagem de células mais de uma vez.

8. $(A + B + C + D) = (22 + 37 + 12 + 18) = 89$ – Suspensão original diluída 500 vezes.

   Logo, $X = (89 \cdot 500) \div 0{,}4 = 111.250$ células/mm^3.

9. A importância da imobilização reside no aumento da estabilidade das células, em sua reutilização, no trabalho com alta concentração celular e na possibilidade de usá-las em processos contínuos.

10. Para garantir a hidrólise completa da sacarose presente na amostra.

CAPÍTULO 6

QUESTÕES DE REVISÃO E FIXAÇÃO

1. O açúcar redutor é um carboidrato cuja molécula na forma cíclica possui uma hidroxila livre no carbono 1 (corresponde ao carbono do grupo carbonila da forma não cíclica, ou seja, aberta, da molécula do açúcar). Lactose e maltose.

CH_2OH ... galactose ... glicose ... HIDROXILA LIVRE

LACTOSE

2. O ajuste faz-se necessário porque as variáveis básicas do regime descontínuo alimentado são o tempo de enchimento do reator e a variação entre o volume inicial e o final do conteúdo do reator. Some-se a isso o fato de que a adição da solução substrato no reator pode seguir diferentes leis matemáticas, como adição linear crescente, adição constante etc. Isso significa que o volume a ser adicionado em cada instante do processo vai depender da lei de adição adotada.

3. Para garantir o consumo completo da sacarose presente no último volume de solução de substrato adicionado ao reator.

4. Sim, uma vez que se poderia empregar um reator – tipo coluna – de leito fixo, onde o leito seria constituído de *pellets* de alginato de cálcio contendo as células de levedura. No entanto, deveria ser esperado um processo de conversão mais lento, porque os efeitos de difusão seriam mais intensos. É preciso lembrar que a agitação, por aumentar a energia cinética das moléculas presentes no meio de reação, tende a reduzir o efeito retardador do fenômeno de difusão, que, no caso do experimento sugerido, seria representado pela passagem das moléculas de sacarose pela membrana dos *pellets* (formada pelo alginato de cálcio) e dos produtos da hidrólise (glicose e frutose) do interior para o exterior dos *pellets*.

Item 6.5.1.1.2

3. A solução-mãe do acetato de sódio (MM = 82 g/mol) foi preparada dissolvendo 16,4 g (0.2 moles) em 1 L de água destilada. Logo, a concentração molar da solução de acetato de sódio é 0,2 M.

4. Concentração inicial de sacarose (MM = 342 g/mol):

Número de moles (n) = 40 g ÷ 342 g/mol = 0,117 moles

0,117 .... 0,4 L

x .... 1 L   x = 0,292 moles

Logo, a concentração é 0,292 M.

A concentração em g/L é:

40 g .... 0,4 L

y .... 1 L   y = 100 g/L

Concentração inicial de glicose (MM = 180 g/mol):

Número de moles (n) = 40 g ÷ 180 g/mol = 0,222 moles

0,222 .... 0,4 L

x .... 1 L   x = 0,56 moles

Logo a concentração é 0,56 M.

A concentração em g/L é:

40g .... 0,4 L

y .... 1 L   y = 100 g/L

Item 6.5.1.2.2

1. $\theta = 4$ h

   $V_f = 0,8$ L

   $V_0 = 0,2$ L

   $V_{ad} = (V - V_0) = (\phi_0 \cdot t) - (k \cdot t^2)/2$ (1)

   $\phi = \phi_0 - k \cdot t$ (2)

   Quando $t = \theta$, tem-se $V = V_f$

   Logo, (1) pode ser escrita: $(V_f - V_0) = (\phi_0 \cdot \theta) - (k \cdot \theta^2)/2$ (3)

   $\phi = 0$ (caso da adição linear decrescente)

   Logo, (2) dá: $\phi_0 = k \cdot \theta$ (4)

   Substituindo $\theta = 4$h em (4), tem-se $\phi_0 = 4k$

   Tomando (3), tem-se: $0,6 = 4 \cdot \phi_0 - 8k$

   Logo, $k = 0,075$ L/h^2 e $\phi_0 = 0,3$ L/h.

   Finalmente, substituindo em (1) tem-se: $V_{ad} = 0,3t - 0,0375t^2$

2. $\theta = 3$ h

   $V_f = 0,8$ L

   $V_0 = 0,2$ L

   $k = 0,7$ h^{-1}

Substituindo os dados na equação $V_{ad} = (V_f - V_0) \cdot [(e^{k \cdot t} - 1) \div (e^{k \cdot \theta} - 1)]$

Tem-se finalmente: $V_{ad} = 0,0836 \cdot e^{0,7 \cdot t} - 0,0836$.

Item 6.5.1.3.2

1. $t_R = V_R/Q = 1/5 = 0,2h$
2. $Q = V_R/t_R = 10/2 = 5$ L/h

Item 6.5.2.2

4. Número de moles (n) = 19,2/342 = 0,05614 moles

   0,05614 moles .... 0,3 L

   x .... 1 L   x= 0,187 M

   19,2 g .... 0,3 L

   y .... 1 L   y = 64 g/L

Item 6.5.6.1.2

4. Número de moles (n) = 19,2/342 = 0,05614 moles

   0,05614 moles .... 0,2 L

   x .... 1 L   x= 0,28 M

   19,2 g .... 0,2 L

   y .... 1 L   y = 96 g/L

Item 6.5.7.2

1. $t_R = V_R/Q = 5/20 = 0,25h$
2. $Q = V_R/t_R = 10/5 = 2$ L/h